学画机械草图就这么简单

崔素华　冯桂辰　程玮燕　编著

科学出版社

北京

内 容 简 介

本书重点讲解机械制图中各个模块草图的绘制方法。主要内容包括：机械图草图概述、平面图形的草图绘制、长方体、圆柱、正六棱柱、棱锥、圆锥、圆球的三视图和轴测图的草图绘制，组合体的三视图和轴测图草图绘制，机件轴测剖视图和剖视图的草图绘制，文字和尺寸手工标注，标准件和常用件草图绘制，零件图、装配图草图绘制。

本书所选图例典型，直观性强，绘制草图的步骤清晰，就像老师手把手教授一样，降低草图绘制难度，提高学习徒手绘制草图的效率；关键绘图步骤可扫描二维码观看老师教学视频，以提高学生的学习兴趣，适合初学者自学。

本书可作为机械制图初学者的自学教材，也适用于各院校工科专业的学生学习或参考，也可供一般工程技术人员参考。

图书在版编目（CIP）数据

学画机械草图就这么简单/崔素华，冯桂辰，程玮燕编著.—北京：科学出版社，2018.8

　ISBN　978-7-03-058301-7

Ⅰ.学…　Ⅱ.①崔…　②冯…　③程…　Ⅲ.机械制图　Ⅳ.TH126

中国版本图书馆CIP数据核字（2018）第162494号

责任编辑：张莉莉　杨　凯／责任制作：魏　谨
责任印制：张克忠／封面设计：杨安安

北京东方科龙图文有限公司 制作

http://www.okbook.com.cn

科 学 出 版 社 出版

北京东黄城根北街16号
邮政编码：100717
http://www.sciencep.com

北京市密东印刷有限公司 印刷

科学出版社发行　　各地新华书店经销

*

2018年8月第　一　版　　开本：787×1092　1/16
2018年8月第一次印刷　　印张：11 1/4
字数：210 000

定价：49.00元

（如有印装质量问题，我社负责调换）

前　言

　　草图，是指不借助绘图工具用徒手和目测的方法绘出的图样。画草图，即徒手绘图是一种强有力的工程素质和技能。草图是设计人员表达初步设计方案最有效的手段。虽然计算机辅助设计（CAD）绘图是主要的绘图方法，但初步的设计思想、设计方案很少在屏幕上表达。通常是设计人员在一张纸上画出草图来表达初步设计意图，因为它只需要纸和铅笔，可以快速将设计意图通过草图表达在纸上，经过交流，对设计进行改进完善。在这方面，草图比起CAD绘图更有优势，因为它是非正式的，限制较少，易于修改。经过对设计草图的修改，可以在计算机上绘制正式图样。事实上，一个工程师经常以草图为基础在计算机上进行CAD绘图。

　　草图经常用于对现有设备或零件仿制或改进设计时，对急需加工的零件的表达时，在车间调研或参观学习时，无法使用或携带电脑，需徒手草图做记录。

　　本书的主要内容包括：机械图草图概述、平面图形的草图绘制、长方体、圆柱、正六棱柱、棱锥、圆锥、圆球的三视图和轴测图的草图绘制，组合体的三视图和轴测图草图绘制，机件轴测剖视图和剖视图的草图绘制，文字和尺寸手工标注，标准件和常用件草图绘制，零件图、装配图草图绘制。内容涵盖机械制图各个模块草图绘制。适合各类工科专业的学生学习或参考。

　　本书特色之一是书中大部分的二维、三维图形为徒手绘制的草图，直观性强；特色之二是所有例题配有徒手绘制的草图绘图步骤，就像老师手把手教授一样，降低草图绘制难度，提高学习徒手绘制草图的效率；特色之三是配有典型例题的视频讲解，增加学习兴趣，适合初学者学习，也可供广大工程技术人员参考。

　　本书由河北科技大学崔素华，冯桂辰，程玮燕编写，撰写和绘图过程中，我们本着严谨、细致、认真的态度进行。限于编者水平，有不当之处，敬请各位专家、广大读者批评指正。

目　录

第**1**章
概　述

▌1.1　机械图样的绘制方法

准确地表达物体的形状、尺寸及其技术要求的图形，称为图样。机械制造业中所使用的图样称为机械图样。绘制机械图样的方法有三种：计算机绘图、手工仪器绘图和绘制草图。

1.1.1　计算机绘图

计算机绘图是利用计算机辅助设计软件（CAD）进行图样绘制，如图1.1所示。它是现在最常用的方法，特点是绘图方便，效率高，精度高，线条、字体工整，图面美观清晰，易编辑和保存。

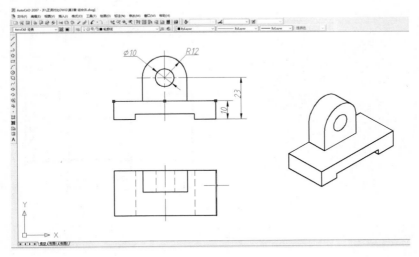

图 1.1　计算机绘图

1.1.2　手工仪器绘图

手工仪器绘图是利用铅笔、三角板、圆规等绘图工具进行图样绘制，如图1.2所示。它是在计算机绘图普及之前的主要绘图手段，手工仪器绘图的效率低、精度低、劳动强度大，现在主要是在学校教学使用。在学习计算机绘图之前进行，它有助于学生掌握视图投影规律、图样画法等。

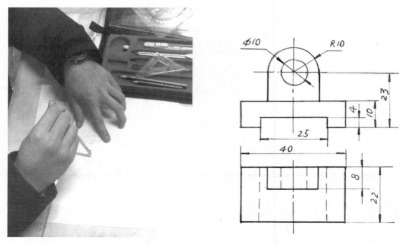

图 1.2　手工仪器绘图

1.1.3　绘制草图

绘制草图即徒手绘图，它是不借助绘图工具徒手绘制图样，如图1.3所示。

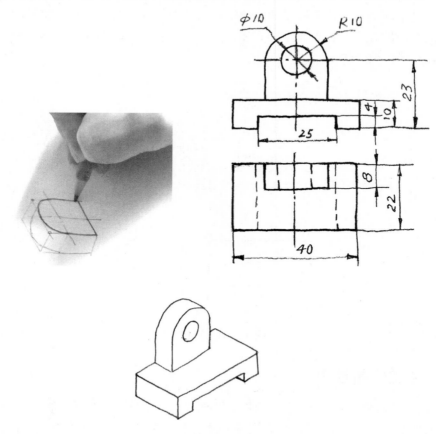

图 1.3　徒手绘制草图

绘制草图是设计人员表达初步设计方案最有效的手段。虽然计算机绘图是主要的绘图方法，但初步的设计思想是很少在计算机的屏幕上表达的。设计人员通常在一张纸上画出草图来表达初步设计意图，因为它只需要纸和铅笔，可以快速将设计意图通过草图表达在纸上，然后经过交流，对设计进行改进完善。在这方面，草图比CAD绘图更有优势，因为它是非正式的，限制较少，易于修改。设计人员对设计草图进行修改后，可以在计算机上绘制正式图样。事实上，一个工程师经常以草图为基础在计算机上进行CAD绘图。

在仿制和修配机器时，需要对零件或实物进行测绘。测绘工作一般在生产现场的机器旁进行，由于条件限制，有时在现场是以目测来估计物体的形状和大小，先绘制零件的草图，并进行测量，获得全部尺寸和对零件的加工要求（技术要求），然后由零件草图整理出零件工作图，指导零件的加工生产。有时，零件草图也可直接用于指导生产。

徒手绘制草图绝不是潦潦草草地绘图，而是要求做到：投影正确、线型分明、比例匀称、字体工整和图面整洁。

1.2 绘制草图的工具及其用法

1. 纸

绘制草图时一般使用2种纸，即带有网格的纸和空白纸。

初学者开始练习绘制草图时，如果绘制正投影的三视图，可先在如图1.4所示的方格纸（坐标纸）上进行，方格纸一般是5mm见方的网格纸。这样较容易控制图形的大小、比例，尽量让图形中的直线与网格线重合，以保证所画图线的平直。绘制轴测图时可以使用如图1.5所示的轴测图网格纸。

待熟练后便可直接用空白纸绘制草图。

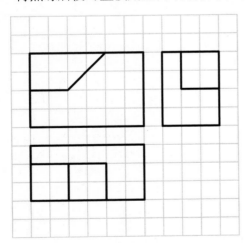

图1.4 方格纸（坐标纸）

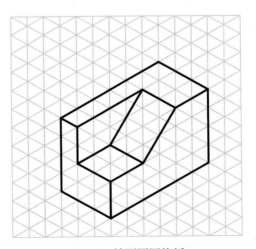

图1.5 轴测图网格纸

2. 铅 笔

绘制草图一般用H或2H的铅笔画底稿线，铅笔要削长些，铅笔削成圆锥形。笔尖不要过尖，要圆滑些。持笔的位置高一点，手放松些，这样画起来比较灵活。用B或2B的铅笔描深粗实线。

3. 橡 皮

对橡皮没有特殊的要求。草图绘制过程中，由于要根据图形的需要涂改线条，所以准备一块好用的橡皮还是必要的。

第2章

平面图形的草图

徒手绘图的基本要求是快、准、好，即画图速度要快，目测比例要准，图面质量要好。徒手绘图所使用的铅笔铅芯磨成圆锥形，画中心线和尺寸线的磨得较尖，画可见轮廓线的磨得较钝。一个物体的图形无论怎样复杂，总是由直线、圆、圆弧和曲线所组成。因此要画好草图，必须掌握徒手画各种线条的手法。

画草图用的铅笔要软些，例如B、HB；铅笔要削长些，笔尖不要过尖，要圆滑些；画草图时，持笔的位置高些，手要放松，这样画起来比较灵活。

徒手绘图是一项重要的基本技能，要不断地实践才能逐步提高。主要是学会和应用各种画不同方向的直线、圆、椭圆等的方法与技巧。

2.1 直线的画法

徒手画直线的手势如图2.1所示，执笔要稳而有力，小指靠着纸面，保证线条画得平直，目视终点，以控制绘图方向不变。手指应握在铅笔上离笔尖约35mm处，手腕和小手指对纸面的压力不要太大，手腕不要转动，使铅笔与所画的线始终保持约90°，轻轻移动手腕和手臂，使笔尖向着要画的方向作近似的直线运动。画水平线自左向右，画垂线自上而下，运笔力求自然，眼睛应朝着前进方向，随时留意线段终点。画长斜线时，为了运笔方便，可以将图纸旋转一适当角度，使它转成水平线来画。当线段较长时，可通过目测在线的中间定出几点，分段画出。

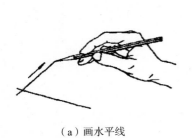

（a）画水平线

（b）画垂直线

（c）画斜线

图 2.1 徒手画直线的手势

2.2 常见角度 30°、45°、60° 的画法

角度的大小，可借助于直角三角形来近似得到，如图2.2（a）和（b）所示；或者借助于半圆来近似得到，如图2.2（c）所示。如画10°和15°等角度线时，可先画出30°线后再等分求得，如图2.2（d）所示。

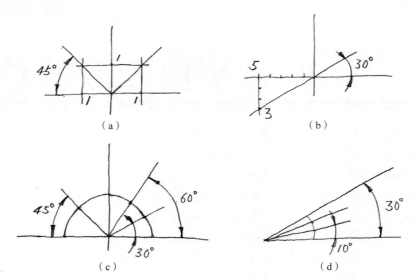

图 2.2 常见角度 30°、45°、60° 的画法（附视频讲解）[1]

2.3 线段的等分画法

线段的常见等分数有2、3、4、5、8等情况。

1. 八等分线段

先定等分点4，接着是等分点2、6，再就是等分点1、3、5、7，终点即8等分点。如图2.3（a）所示。

2. 五等分线段

按2:3比例目测先定等分点2，接着是等分点1、3、4，终点即5等分点，如图2.3（b）所示。

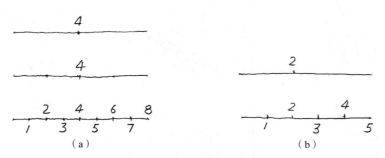

图 2.3 线段的五等分、八等分（附视频讲解）

---

① 读者可扫书后附录中的二维码，观看老师详细讲解绘图步骤的视频。

2.4　圆的画法

徒手画小圆时，应先确定圆心的位置，画出两条互相垂直的中心线，再根据半径大小用目测在中心线上定出4个点，然后过这4个点画圆。也可以过4个点先作正方形，再作内切的4段弧，如图2.4（a）所示。画直径较大的圆时，取4个点作圆不易准确，需要过圆心再画两条45°斜线，并在斜线上也目测定出4个点，这样过8个点画圆，如图2.4（b）所示。

注意，画图时不必死盯住所做的标记点，而应顺势而为。

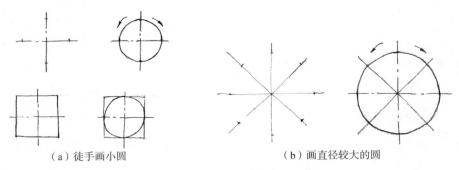

（a）徒手画小圆　　　　　　　　　　　　（b）画直径较大的圆

图 2.4　圆草图的画法（附视频讲解）

当圆的直径很大时，可使用如图2.5（a）所示的方法，取一纸片标出半径长度，利用它从圆心出发定出许多圆周上的点，然后通过这些点画圆。另一种方法如图2.5（b）所示，用手作圆规，以小手指的指尖或关节作圆心，使铅笔与它的距离等于所需的半径，用另一只手小心地慢慢转动图纸，即可得到所需的圆。

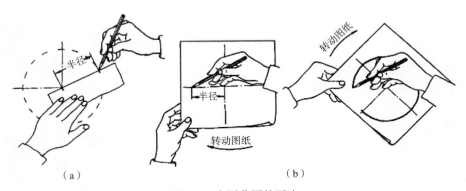

（a）　　　　　　　　　　　　　　　　　（b）

图 2.5　大圆草图的画法

2.5　圆角和曲线的画法

图2.6所示是画圆角的方法。先用目测在分角线上选取圆心位置，使它与角的两边的距离等于圆角的半径大小。过圆心向两边引垂直线定出圆弧的起点和终点，并在分角线上也定出一圆周点，然后徒手作圆弧把这三点连接起来。

图2.7所示是画曲线的方法。用画圆角的方法画出曲线上的各段圆弧，连接成曲线。

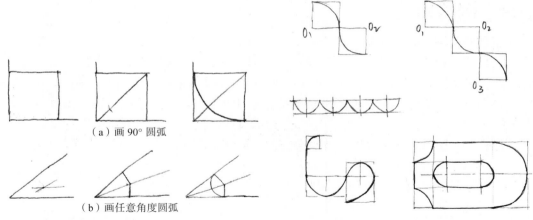

（a）画 90° 圆弧

（b）画任意角度圆弧

图 2.6　圆角草图的画法（附视频讲解）　　　　**图 2.7**　曲线草图的画法（附视频讲解）

2.6　椭圆的画法

如图 2.8 所示，先画出椭圆的长轴和短轴，并用目测定出其端点位置，过这 4 个点画一个矩形，然后徒手画椭圆与此矩形相切。

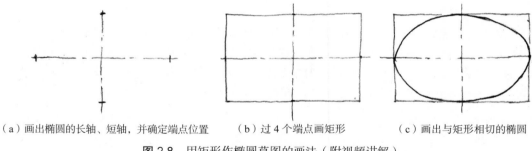

（a）画出椭圆的长轴、短轴，并确定端点位置　　　（b）过 4 个端点画矩形　　　（c）画出与矩形相切的椭圆

图 2.8　用矩形作椭圆草图的画法（附视频讲解）

在图 2.9 中，先画出椭圆的外切平行四边形，然后分别用徒手方法作两钝角及两锐角的内切弧，即得所需近似椭圆。

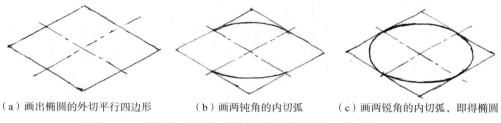

（a）画出椭圆的外切平行四边形　　　（b）画两钝角的内切弧　　　（c）画两锐角的内切弧，即得椭圆

图 2.9　用外切平行四边形作椭圆草图的画法（附视频讲解）

2.7　平面多边形的画法

1. 正三角形

先画一条水平的直线段，然后在直线段的中点上画铅垂的直线段。在水平的直线

段的半段上五等分，如图2.10（a）所示。在铅垂的直线段的一端上取相同的三等分，如图2.10（b）所示；并将水平线向上平移至三等分段点，如图2.10（c）所示，在水平线的下方再截取两个平移的距离，如图2.10（d）所示。至此，连线完成正三角形草图，如图2.10（e）所示。

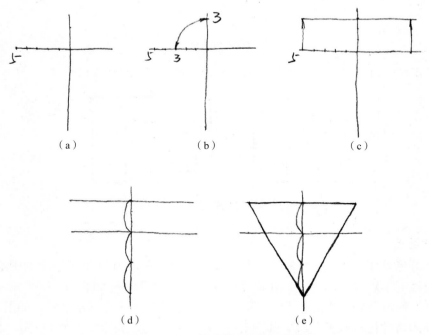

图 2.10　画正三角形草图（附视频讲解）

2. 矩　形

首先画一条水平中心线，在其上画铅垂的中心线。比如矩形的长、宽比为5∶3，在水平中心线的半段线上五等分，在铅垂的半段线上三等分，如图2.11（a）所示；过水平中心线上的五等分点画铅垂线，过铅垂中心线上的三等分点画水平线，如图2.11（b）所示；利用对称性再画其他线，如图2.11（c）、（d）所示。连线完成矩形草图，如图2.11（e）所示。

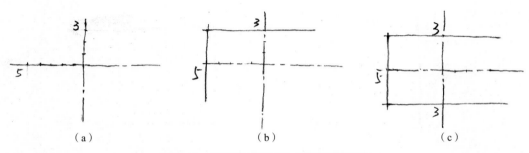

图 2.11　矩形草图的画法（附视频讲解）

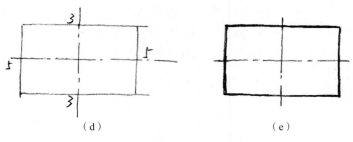

（d）　　　　　　　　　　　　（e）

图 2.11（续）

利用矩形的对角线可以实现矩形的长宽等比例缩放，如图2.12所示。

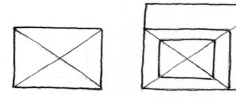

图 2.12　矩形等比例进行缩放（附视频讲解）

3. 正方形

画正方形草图，如图2.13所示，画一条水平中心线，在其上画铅垂的中心线；在水平中心线的半段线上四等分，在铅垂的半段线上四等分，如图2.13（a）所示；过水平中心线上的四等分点画铅垂线，过铅垂中心线上的四等分点画水平线，如图2.13（b）所示；利用对称性再画其他线，如图2.13（c）所示。连线完成正方形草图，如图2.13（d）所示。

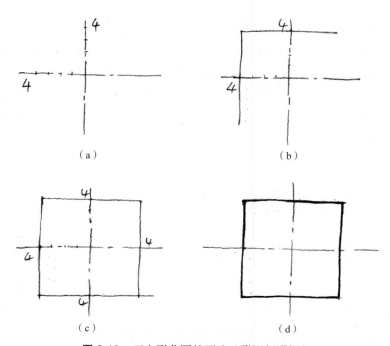

（a）　　　　　　　　　　　　（b）

（c）　　　　　　　　　　　　（d）

图 2.13　正方形草图的画法（附视频讲解）

利用正方形的对角线可以实现正方形的比例缩放，如图2.14所示。

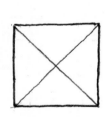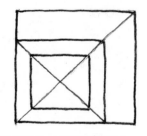

图2.14 正方形按比例进行缩放（附视频讲解）

绘图纸是长宽比为 $\sqrt{2}$ 的矩形，这样的矩形可以利用正方形画出。先画一个正方形，如图2.15（a）所示；连接正方形的对角线，以对角线长为半径画圆弧与水平线交于一点，如图2.15（b）所示；过圆弧与水平线的交点作垂线与正方形上边线的延长线相交，即得到长宽比为 $\sqrt{2}$ 的矩形，如图2.15（c）、（d）所示。

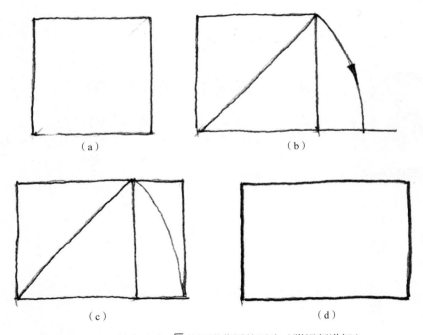

（a） （b）

（c） （d）

图2.15 长宽比为 $\sqrt{2}$ 的矩形草图的画法（附视频讲解）

4. 正六边形

画一条水平中心线，在其上画铅垂的中心线，在水平中心线的半段线上六等分，在铅垂的半段线上五等分，如图2.16（a）所示；过水平中心线上的三等分点画铅垂线，过铅垂中心线上的五等分点画水平线，如图2.16（b）所示；利用对称性再画其他线，如图2.16（c）、（d）所示。连线完成正六边形草图，如图2.16（e）、（f）所示。

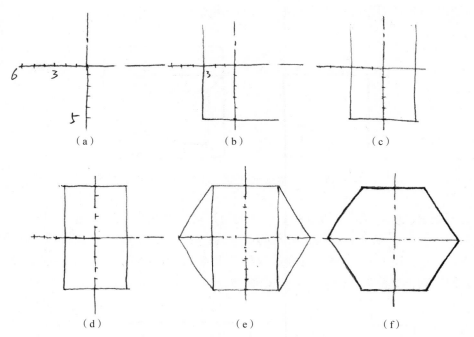

图 2.16 正六边形草图的画法（附视频讲解）

图 2.17 手轮模型

2.8 平面图形的草图示例

例2.1 绘制如图2.17所示手轮的轮廓草图。

先画外圈中心圆，如图2.18（a）所示；三等分圆，画小圆，如图2.18（b）所示；画其他圆、轮辐和内方孔，如图2.18（c）所示；最后描深，如图2.18（d）所示。

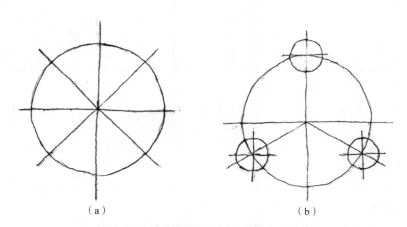

图 2.18 手轮草图的画法（附视频讲解）

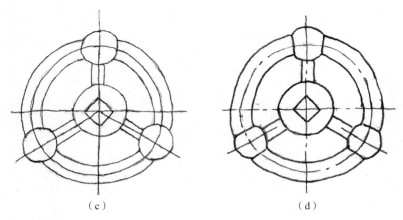

（c） （d）

图 2.18（续）

例2.2 绘制如图2.19所示垫片轮廓草图。

画圆及圆弧的对称中心线，如图2.20（a）所示；画圆和圆弧外切的正方形，如图2.20（b）所示；画所有的圆、圆弧和连接切线，如图2.17（c）所示；描深完成草图，如图2.20（d）所示。

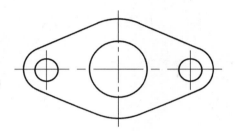

图 2.19 垫 片

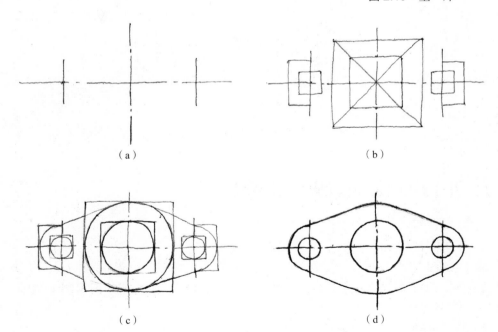

（a） （b）

（c） （d）

图 2.20 垫片草图的画法（附视频讲解）

例2.3 绘制如图2.21所示平面图形的草图

画圆及圆弧的对称中心线，如图2.22（a）所示；画圆和圆弧外切的正方形和长方形，如图2.22（b）所示；画所有的圆、圆弧和直线，描深完成草图，如图2.22（c）所示。

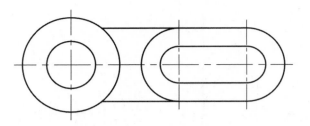

图 2.21　平面图形

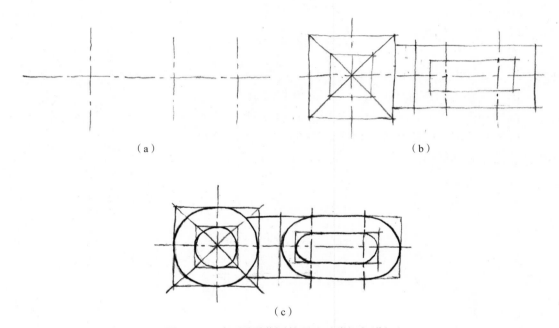

（c）

图 2.22　平面图形草图的画法（附视频讲解）

2.9　平面图形的轴测草图画法

1. 轴测轴的画法

1）正等测轴测轴的画法

从 O 点画水平线并五等分得到 M 点，过 M 点作垂线并三等分得到 A、A_1 点，连接 O、A 两点并延长得到 OX 轴，连接 O、A_1 两点并延长得到 OY 轴，完成正等测轴测轴，如图2.23（a）所示。

2）斜二测轴测轴的画法

画铅垂线 OZ 轴，从 O 点画水平线即为 OX 轴，以 OX、OZ 为正方形的两条边作正方形，连接正方形的对角线就是 OY 轴，完成斜二测轴测轴，如图2.23（b）所示。

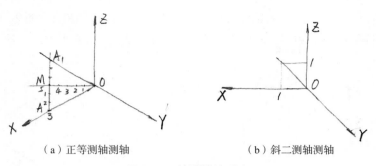

（a）正等测轴测轴   （b）斜二测轴测轴

图 2.23 轴测轴的画法

2. 正三角形的轴测草图画法

正三角形的正等轴测草图的画法如图2.24所示。先画正三角形的平面图形（见图2.10），在平面图形上建立直角坐标系XOY，如图2.24（a）所示。画正三角形的正等测轴测轴OX、OY，因为正等测的简化轴向伸缩系数为1，所以正三角形正等轴测图的高和OX轴上的边长与平面图形相等，画出正三角形的正等轴测草图，如图2.24（b）所示。

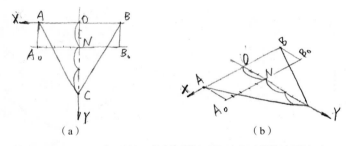

（a）   （b）

图 2.24 正三角形的正等轴测草图的画法（附视频讲解）

正三角形的斜二轴测草图的画法如图2.25所示。先画出斜二测轴测轴，如图2.25（a）所示，正三角形在OX轴上的边长不变，在OY轴上的三角形高取一半，得到正三角形的三个顶点，连线完成正三角形的斜二轴测草图，如图2.25（b）所示。

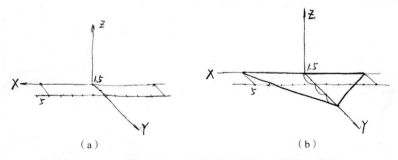

（a）   （b）

图 2.25 正三角形的斜二轴测草图的画法（附视频讲解）

3. 矩形的正等轴测草图画法

先画矩形的平面图形（长、宽比为5：3），在平面图形上建立直角坐标系XOY，如

图2.26（a）所示。再画正等测轴测轴，与坐标轴平行的线段在轴测图中与相应的轴测轴平行，长度不变，做出矩形的正等轴测草图，如图2.26（b）所示。

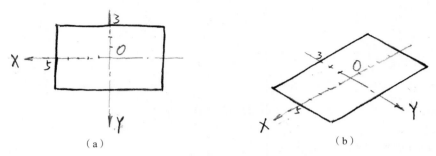

（a）　　　　　　　　　　　　　　　（b）

图 2.26　矩形的正等轴测草图的画法（附视频讲解）

4. 正方形的正等轴测草图画法

先画正方形的平面图形，在平面图形上建立直角坐标系*XOY*，如图2.27（a）所示。再画它的正等轴测草图，这是个菱形，内角分别为60°和120°，如图2.27（b）所示。

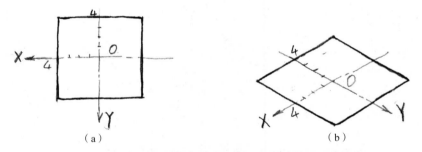

（a）　　　　　　　　　　　　　　　（b）

图 2.27　正方形的正等轴测草图的画法（附视频讲解）

5. 正六边形的正等轴测草图画法

先画正六边形的平面图形，在平面图形上建立直角坐标系*XOY*，如图2.28（a）所示。再画正六边形的正等轴测草图，如图2.28（b）所示。

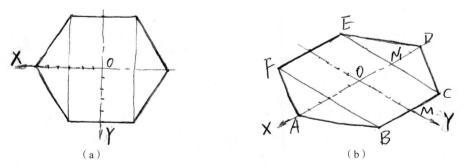

（a）　　　　　　　　　　　　　　　（b）

图 2.28　正六边形的正等轴测草图的画法（附视频讲解）

✏️ 练习题

（1）徒手画各种直线（图1）。

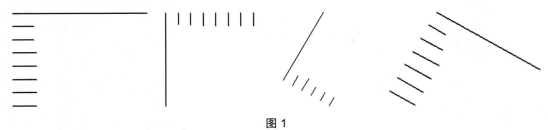

图 1

（2）徒手画不同直径的圆（图2）。

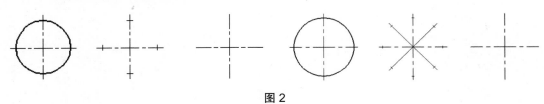

图 2

（3）徒手画正六边形（图3）。

（4）徒手画椭圆（图4）。

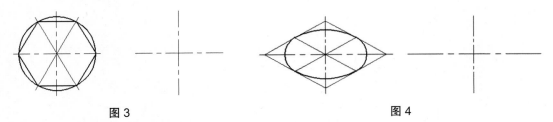

图 3   图 4

（5）徒手画带倒圆角的正方形（图5）。

（6）徒手画下面的平面图形（图6）。

（7）徒手画下面的平面图形（图7）。

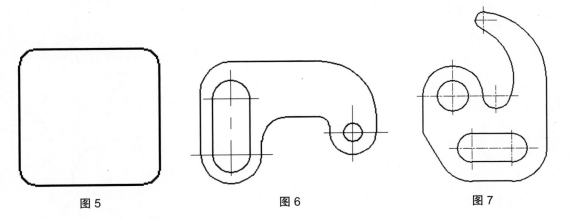

图 5   图 6   图 7

第 **3** 章

长方体三视图和正等轴测草图

3.1 长方体的三视图

3.1.1 长方体三视图的形成

1. 绘制三投影面体系的正等轴测草图

空间三个投影面相互垂直相交。首先画出三个投影轴 OX、OY、OZ，OZ 轴垂直向上。三个轴的夹角为120°，如图3.1（a）所示。画正立投影面 V 面，正立投影面的另外两条边分别与 OX、OZ 轴平行，如图3.1（b）所示。画水平投影面 H 面，水平投影面的另外两条边分别与 OX、OY 轴平行，如图3.1（c）所示。最后画侧立投影面 W 面，侧立投影面的另外两条边分别与 OY、OZ 轴平行，如图3.1（d）所示。

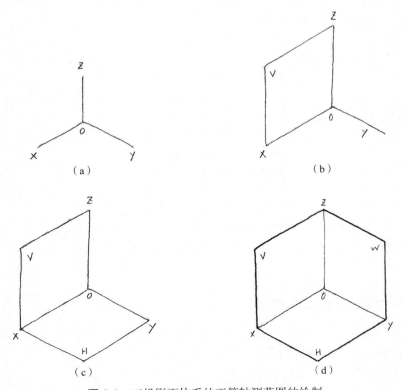

图 3.1 三投影面体系的正等轴测草图的绘制

2. 长方体三视图的形成

如图3.2所示，我们把长方体放在三投影面体系空间内，然后向三个投影面投影得到它的三视图。

展开投影面，去掉投影轴后得到长方体的三视图，如图3.3所示。

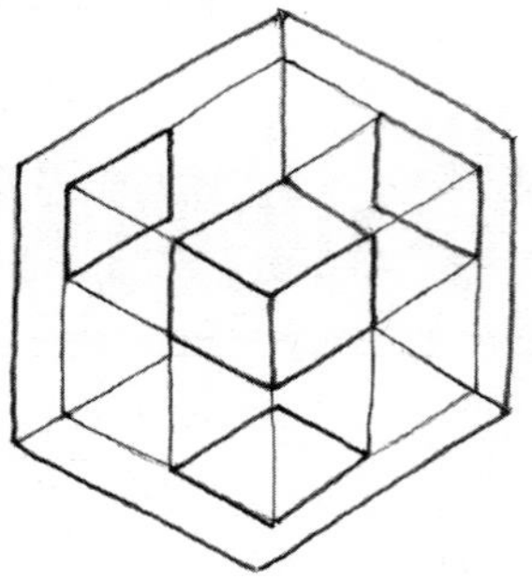

图 3.2　长方体三视图的形成

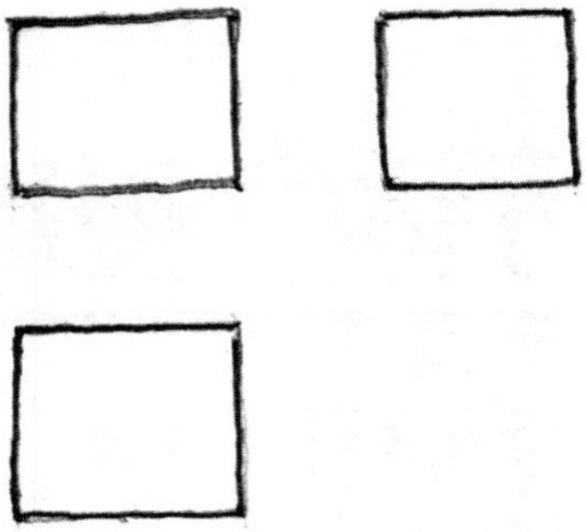

图 3.3　长方体的三视图

3.1.2　长方体三视图的投影特性

如图3.4所示，主视图反映物体的长和高，俯视图反映物体的长和宽，左视图反映物体的高和宽。三视图的投影规律如下：

（1）主、俯视图长对正。

（2）主、左视图高平齐。

（3）俯、左视图宽相等。

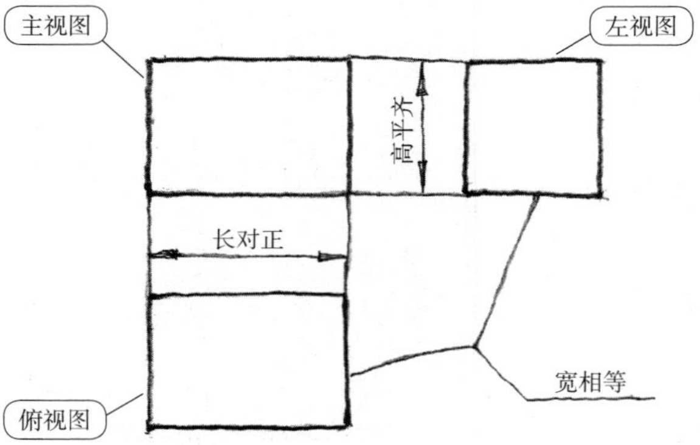

图 3.4　三视图的投影特性

3.1.3　长方体三视图草图绘制

草图可以绘制在空白纸上，也可以绘制在如图3.5所示的方格纸上。方格的单位长度本书设定为5mm，对初学者来说，在方格纸上绘图比较方便。

在方格纸上绘制如图3.6所示长方体的三视图草图的步骤如下。

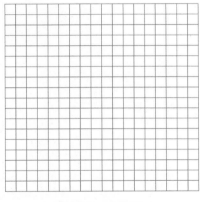

图 3.5 方格纸

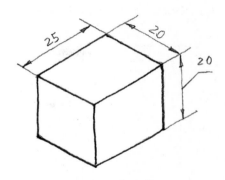

图 3.6 长方体

（1）画长方体三视图的基准线，如图3.7（a）所示。

（2）画长方体的主视图，如图3.7（b）所示。

（3）利用主视图和俯视图长对正的规律画长方体的俯视图，如图3.7（c）所示。

（4）利用主视图与左视图高平齐，俯视图与左视图宽相等的规律画出左视图，如图3.7（d）所示。

（5）描深，如图3.7（e）所示。

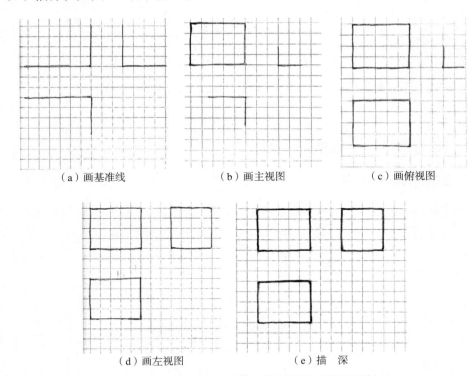

（a）画基准线　　　　　（b）画主视图　　　　　（c）画俯视图

（d）画左视图　　　　　（e）描　深

图 3.7 在方格上绘制长方体三视图草图（附视频讲解）

在白纸上绘制如图3.6所示长方体的三视图草图的步骤如下。

（1）画长方体顶面和左端面投影所在的直线，如图3.8（a）所示。

（2）根据长和高画底面和右端面投影所在的直线，如图3.8（b）所示。

（3）根据长方体的宽画出俯视图和左视图，如图3.8（c）所示。

（4）描深，如图3.8（d）所示。

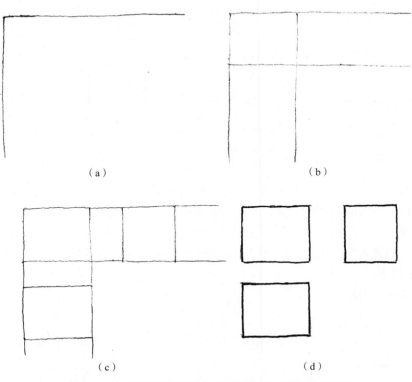

（a）　　　　　　　　　　　　　　（b）

（c）　　　　　　　　　　　　　　（d）

图 3.8　在白纸上绘制长方体三视图草图（附视频讲解）

3.2　长方体正等轴测草图

3.2.1　轴测图的形成

如图3.9所示，轴测图是将物体连同其上的空间直角坐标系，沿着不平行于三条坐标轴和三个坐标平面的方向，投影到某一个投影面上所得的投影图。

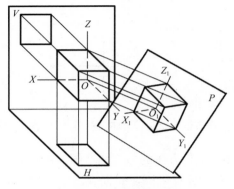

图 3.9　轴测图的形成

3.2.2　正等轴测图的轴间角、轴向伸缩系数

正等轴测图（简称正等测）的轴测轴如图3.10所示，轴间角均为120°，O_1Z_1轴竖直。三个轴向伸缩系数均为0.82，为了作图简便，轴向伸缩系数简化为1，即$p=q=r=1$。

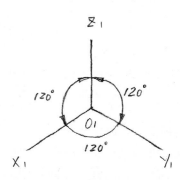

图 3.10　正等轴测轴、轴间角

3.2.3　轴测图的投影特性

（1）空间平行的两条线段，其轴测投影仍相互平行，且投影之比等于其空间长度之比。

（2）与空间坐标轴平行的线段，其轴测投影平行于相应的轴测轴，其伸缩系数与相应的轴向伸缩系数相同。

3.2.4　长方体正等轴测草图绘制

1. 在菱形网格纸上绘制长方体的正等测草图

轴测草图可以在如图3.11所示的菱形网格纸上绘制，菱形的两条边分别为O_1X_1、O_1Y_1轴测轴，菱形垂直方向的对角线为O_1Z_1轴测轴。本书菱形的轴向长度为5mm。在网格纸上绘制正等测草图方便、快捷。

在菱形网格纸上绘制长方体正等测草图的步骤。

1）向上画法

向上画法是先画长方体的底面，再画顶面。

（1）画长方体的底面长方形的正等测。选择一个网格点作为起点，沿着左下、右上方向格线画长方体的长，沿着左上、右下方向格线画长方体的宽，如图3.12（a）所示。

（2）使用向上画法时，沿着竖直方向格线向上画长方体的高，如图3.12（b）所示。

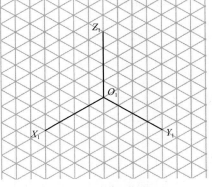

图 3.11　菱形网格纸

（3）连接棱线的4个顶点画出长方体顶面的正等测，如图3.12（c）所示。

（4）描深。

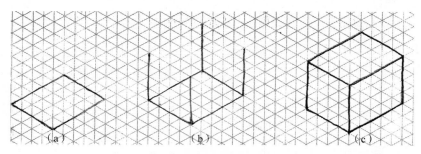

图 3.12　使用向上画法绘制长方体正等测草图（附视频讲解）

2）向下画法

向上画法是先画长方体的顶面，再画底面。

（1）画长方体的顶面长方形的正等测。选择一个网格点作为起点，沿着左下、右上方向格线画长方体的长，沿着左上、右下方向格线画长方体的宽，如图3.13（a）所示。

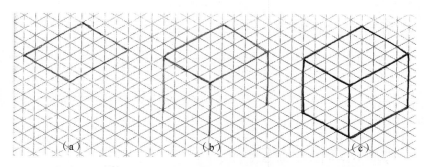

图 3.13　使用向下画法绘制长方体正等测草图（附视频讲解）

（2）使用向下画法时，沿着竖直方向格线向下画长方体的高，如图3.13（b）所示。

（3）连接棱线的3个顶点画出长方体底面的正等测草图，如图3.13（c）所示。

（4）描深。

2. 在白纸上绘制长方体正等测草图的步骤

画正等测轴测轴时，原点可以选择长方体上任意一点，但要方便作图，也有向上画法和向下画法。

1）向上画法

即选择长方体右后下的角点为原点，具体作图步骤如下：

（1）绘制正等测轴测轴，如图3.14（a）所示。

（2）画长方体的底面长方形的正等测，如图3.14（b）所示。

（3）向上画出长方体的高度方向的四条棱线，如图3.14（c）所示。

（4）连接四条棱线的端点，画出长方体的顶面的正等测草图，并描深，如图3.14（d）所示。

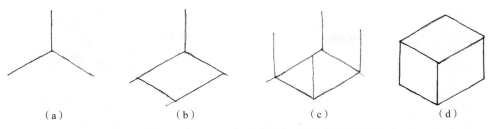

图3.14 使用向上画法画长方体的正等测（附视频讲解）

2）向下画法

即选择长方体右后上的角点为原点，具体作图步骤如图3.15所示。

（1）绘制正等测轴测轴，如图3.15（a）所示。

（2）绘制长方体的顶面长方形的正等测，如图3.15（b）所示。

（3）向下画出长方体的高度方向的四条棱线，如图3.15（c）所示。

（4）连接四条棱线的端点，画出长方体的底面长方形的正等测草图，并描深，如图3.15（d）所示。

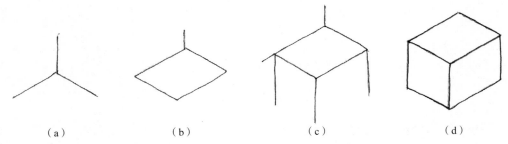

图3.15 使用向下画法画长方体正等测（附视频讲解）

3. 注意事项

绘制长方体的正等测草图时要注意以下几点：

（1）绘制长方体的正等测草图时，长方体的竖直棱线要尽量垂直，相互平行，如图3.16（a）所示，否则立体效果会很差，如图3.16（b）、（c）所示。

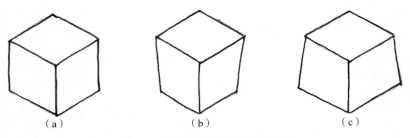

图3.16 长方体的竖直棱线的画法

（2）正等测轴测轴互成120°，如图3.17（a）所示。绘制草图时，X轴和Y轴的轴间角宁可稍大于120°，不要小，稍大的角度画出的正等测比小的角度画出的正等测的立体效果要好些，例如，图3.17（b）比图3.17（c）的立体效果要好一些。

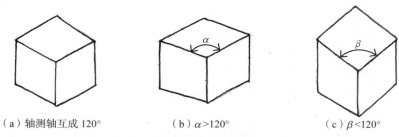

（a）轴测轴互成 120°　　　　（b）α>120°　　　　（c）β<120°

图 3.17　*X*轴和 *Y*轴轴间角"宁大勿小"

3.3　切割长方体

例3.1　绘制如图3.18所示切割长方体的三视图和正等测草图。

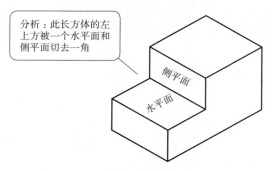

分析：此长方体的左上方被一个水平面和侧平面切去一角

侧平面

水平面

图 3.18　切割长方体

切割长方体三视图草图的绘图步骤如图3.19所示。

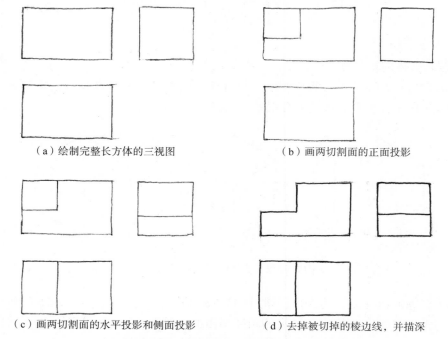

（a）绘制完整长方体的三视图　　　　（b）画两切割面的正面投影

（c）画两切割面的水平投影和侧面投影　　　　（d）去掉被切掉的棱边线，并描深

图 3.19　切割长方体三视图草图（附视频讲解）

切割长方体正等测草图的绘图步骤如图3.20所示。

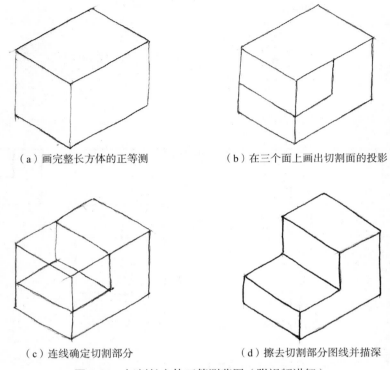

（a）画完整长方体的正等测　　　　　　（b）在三个面上画出切割面的投影

（c）连线确定切割部分　　　　　　　　（d）擦去切割部分图线并描深

图 3.20　切割长方体正等测草图（附视频讲解）

例3.2　绘制如图3.21所示切割长方体的三视图和正等测草图。

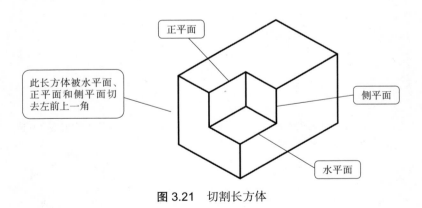

正平面

此长方体被水平面、正平面和侧平面切去左前上一角

侧平面

水平面

图 3.21　切割长方体

切割长方体三视图草图的绘图步骤如图3.22所示。

图3.22（c）中，水平投影是指正平面和侧平面两切割面的水平投影，侧面投影是指水平面和正平面两切割面的侧面投影。

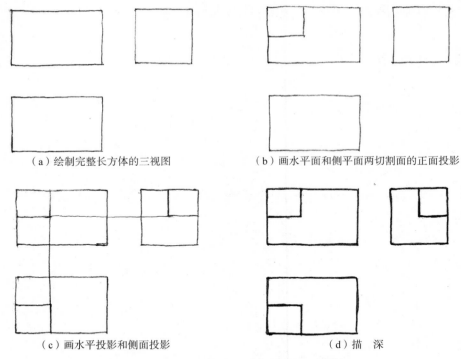

（a）绘制完整长方体的三视图　　　　　　（b）画水平面和侧平面两切割面的正面投影

（c）画水平投影和侧面投影　　　　　　　　　（d）描　深

图 3.22　切割长方体三视图草图（附视频讲解）

切割长方体正等测草图的绘图步骤如图3.23所示。

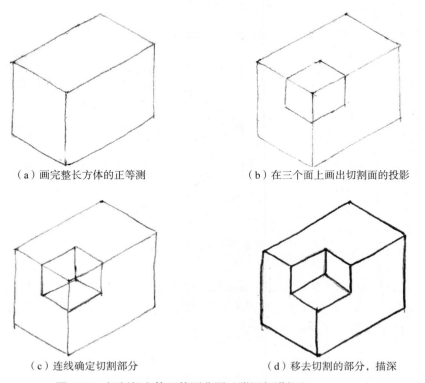

（a）画完整长方体的正等测　　　　　　　（b）在三个面上画出切割面的投影

（c）连线确定切割部分　　　　　　　　　（d）移去切割的部分，描深

图 3.23　切割长方体正等测草图（附视频讲解）

例3.3 绘制如图3.24所示切割长方体的三视图和正等测草图。

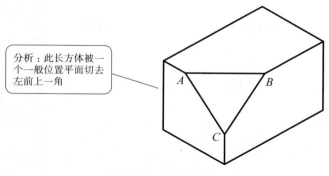

分析：此长方体被一个一般位置平面切去左前上一角

图 3.24 切割长方体

切割长方体三视图草图的绘图步骤如图3.25所示。

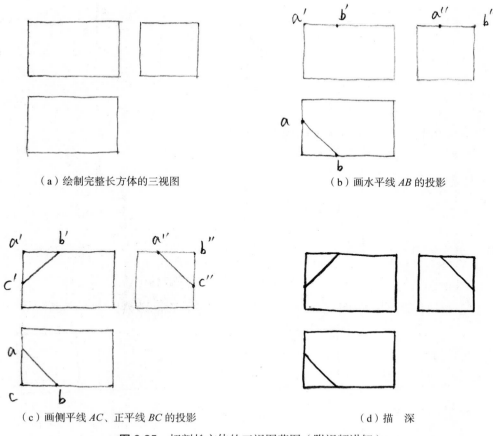

（a）绘制完整长方体的三视图

（b）画水平线 *AB* 的投影

（c）画侧平线 *AC*、正平线 *BC* 的投影

（d）描　深

图 3.25 切割长方体的三视图草图（附视频讲解）

切割长方体正等测草图的绘图步骤如图3.26所示。

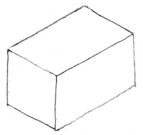
（a）画完整长方体的正等测

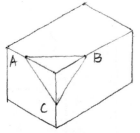
（b）在三条棱边上做出点 *A*、*B*、
*C*的投影，连线确定切割部分

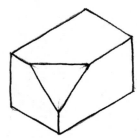
（c）移去切割的部分，描深

图 3.26　切割长方体的正等测草图（附视频讲解）

例3.4　绘制如图3.27所示切割长方体的三视图和正等测草图。

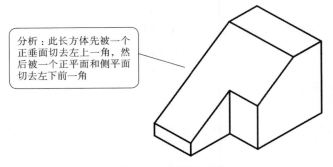

分析：此长方体先被一个
正垂面切去左上一角，然
后被一个正平面和侧平面
切去左下前一角

图 3.27　切割长方体

切割长方体三视图草图的绘图步骤如图3.28所示。

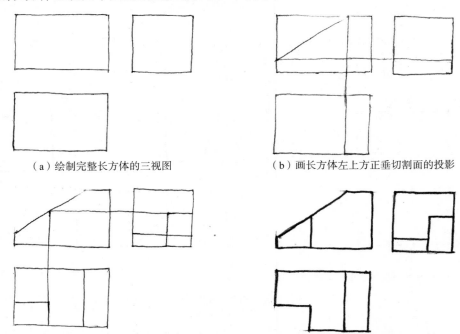

（a）绘制完整长方体的三视图　　　　　　　（b）画长方体左上方正垂切割面的投影

（c）画长方体左前方正平面和侧平面两切割面的投影　　　　（d）去掉被切掉的棱边线，描深

图 3.28　切割长方体三视图草图（附视频讲解）

切割长方体正等测草图的绘图步骤如图3.29所示。

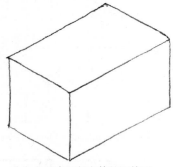

（a）画完整长方体的正等测

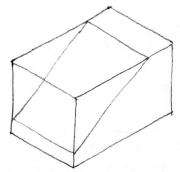

（b）在长方体左上方画出正垂切割面

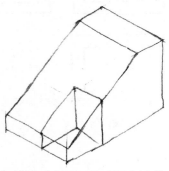

（c）在长方体左前方画正平切割面和侧平切割面，
连线确定切割部分

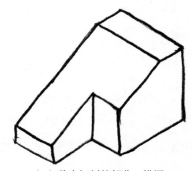

（d）移去切割的部分，描深

图 3.29 切割长方体正等测草图（附视频讲解）

例3.5 绘制如图3.30所示切割长方体的三视图和正等测草图。

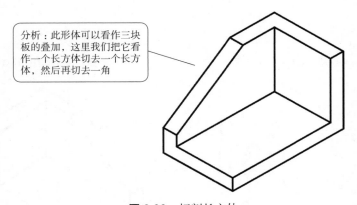

分析：此形体可以看作三块板的叠加，这里我们把它看作一个长方体切去一个长方体，然后再切去一角

图 3.30 切割长方体

31

切割长方体三视图草图的绘图步骤如图3.31所示。

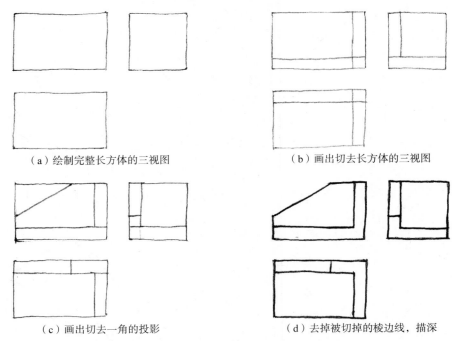

（a）绘制完整长方体的三视图　　　　　　　（b）画出切去长方体的三视图

（c）画出切去一角的投影　　　　　　　　　（d）去掉被切掉的棱边线，描深

图 3.31　切割长方体三视图草图（附视频讲解）

切割长方体正等测草图的绘图步骤如图3.32所示。

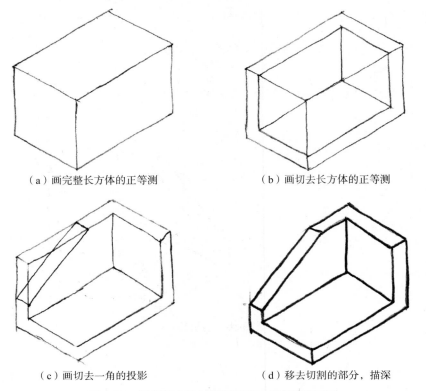

（a）画完整长方体的正等测　　　　　　　　（b）画切去长方体的正等测

（c）画切去一角的投影　　　　　　　　　　（d）移去切割的部分，描深

图 3.32　切割长方体正等测草图（附视频讲解）

例3.6 绘制如图3.33所示切割长方体的三视图和正等测草图。

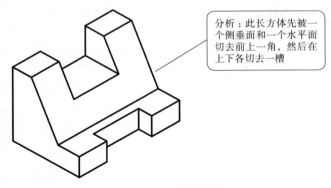

分析：此长方体先被一个侧垂面和一个水平面切去前上一角，然后在上下各切去一槽

图 3.33 切割长方体

切割长方体三视图草图的绘图步骤如图3.34所示。

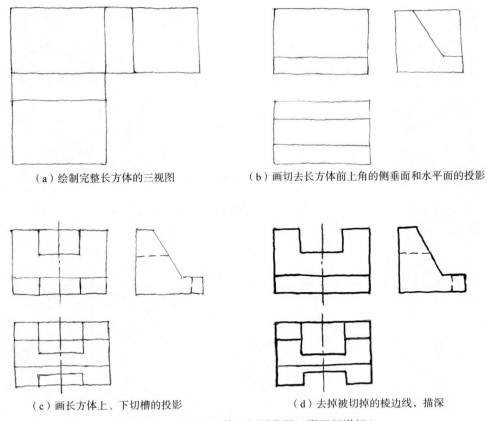

（a）绘制完整长方体的三视图　　　　（b）画切去长方体前上角的侧垂面和水平面的投影

（c）画长方体上、下切槽的投影　　　　（d）去掉被切掉的棱边线，描深

图 3.34 切割长方体三视图草图（附视频讲解）

切割长方体正等测草图的绘图步骤如图3.35所示。

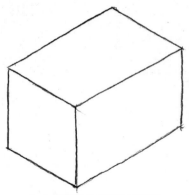

（a）画完整长方体的正等测

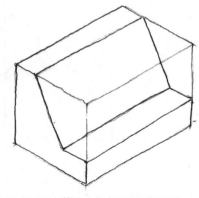

（b）画长方体前上角水平面和侧垂面

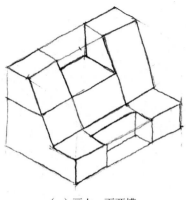

（c）画上、下两槽

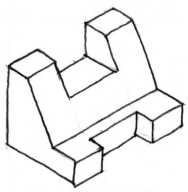

（d）移去切割的部分，描深

图 3.35　切割长方体正等测草图（附视频讲解）

例3.7　绘制如图3.36所示切割长方体的三视图和正等测草图。

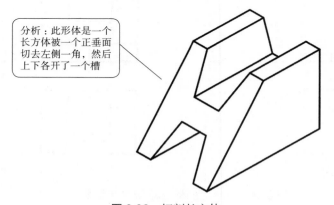

分析：此形体是一个长方体被一个正垂面切去左侧一角，然后上下各开了一个槽

图 3.36　切割长方体

切割长方体三视图草图的绘图步骤如图3.37所示。

在图3.37（c）中，先画长方体上、下两个燕尾槽的侧面投影，再画另外两面投影。

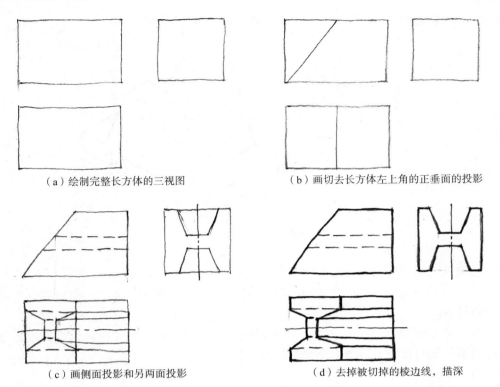

（a）绘制完整长方体的三视图　　　　　（b）画切去长方体左上角的正垂面的投影

（c）画侧面投影和另两面投影　　　　　（d）去掉被切掉的棱边线，描深

图 3.37　切割长方体三视图草图（附视频讲解）

切割长方体正等测草图的绘图步骤如图3.38所示。

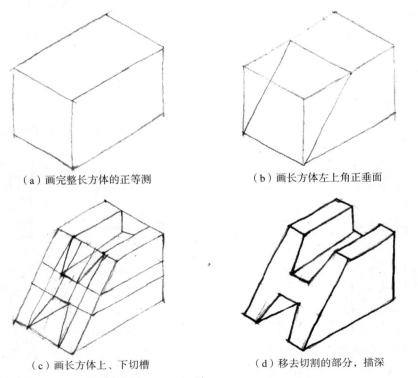

（a）画完整长方体的正等测　　　　　（b）画长方体左上角正垂面

（c）画长方体上、下切槽　　　　　（d）移去切割的部分，描深

图 3.38　切割长方体正等测草图（附视频讲解）

例3.8　绘制如图3.39所示切割长方体的三视图和正等测草图。

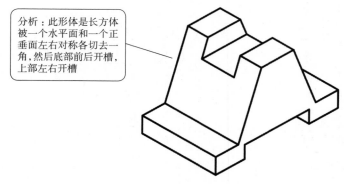

分析：此形体是长方体被一个水平面和一个正垂面左右对称各切去一角，然后底部前后开槽，上部左右开槽

图 3.39　切割长方体

切割长方体三视图草图的绘图步骤如图3.40所示。

图3.40（b）中，先画切去长方体左右两角的正垂面和水平面的正面投影，再画其他两面投影。

图3.40（c）中，先画长方体底部开槽的正面投影，再画另外两面投影；画长方体上边的槽的侧面投影，再画这个槽的其他两投影。

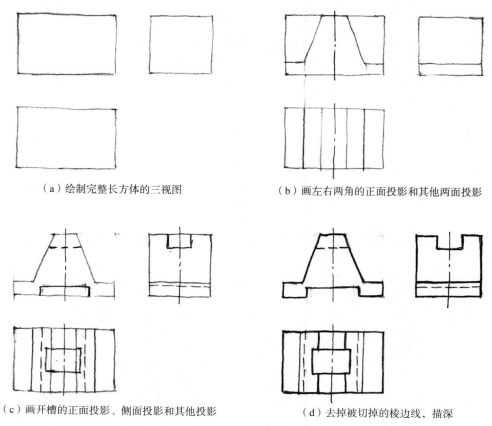

（a）绘制完整长方体的三视图　　　　　（b）画左右两角的正面投影和其他两面投影

（c）画开槽的正面投影、侧面投影和其他投影　　（d）去掉被切掉的棱边线，描深

图 3.40　切割长方体三视图草图（附视频讲解）

切割长方体正等测草图的绘图步骤如图3.41所示。

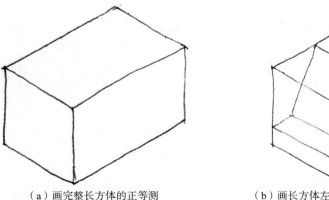

（a）画完整长方体的正等测　　　　　　（b）画长方体左右两角正垂面和水平面的投影

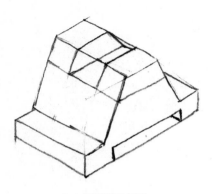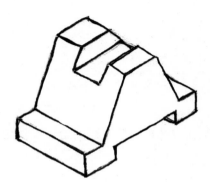

（c）画开槽的投影　　　　　　（d）移去切割的部分，描深

图 3.41　切割长方体正等测草图（附视频讲解）

例3.9　绘制如图3.42所示切割长方体的三视图和正等测草图。

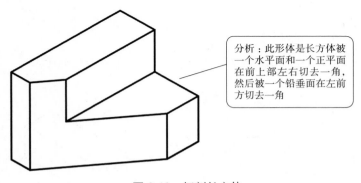

分析：此形体是长方体被一个水平面和一个正平面在前上部左右切去一角，然后被一个铅垂面在左前方切去一角

图 3.42　切割长方体

切割长方体三视图草图的绘图步骤如图3.43所示。

图3.43（b）中，先画正平面和水平面的侧面投影，再画其他两面投影。

图3.43（c）中，先画铅垂面的水平投影，再画另外两面投影。

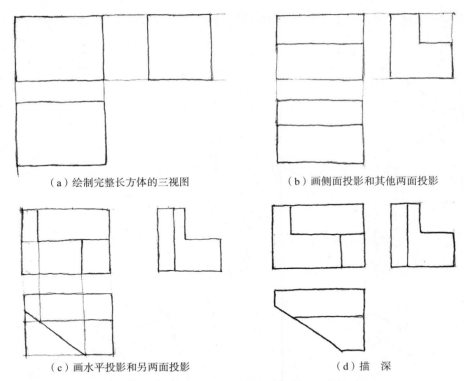

（a）绘制完整长方体的三视图　　　　　　　（b）画侧面投影和其他两面投影

（c）画水平投影和另两面投影　　　　　　　（d）描　深

图 3.43　切割长方体三视图草图（附视频讲解）

切割长方体正等测草图的绘图步骤如图3.44所示。

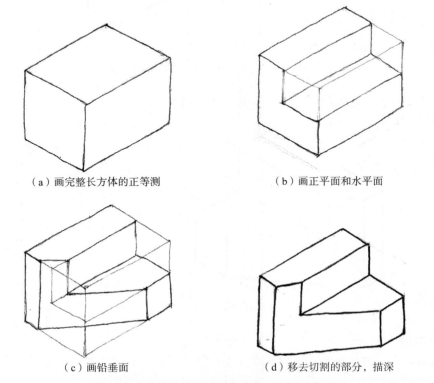

（a）画完整长方体的正等测　　　　　　　　（b）画正平面和水平面

（c）画铅垂面　　　　　　　　　　　　　（d）移去切割的部分，描深

图 3.44　切割长方体正等测草图（附视频讲解）

✏️ 练习题

（1）绘制如图1所示切割长方体的三视图和正等测草图，三视图绘制在方格上，正等测草图画在菱形格上。

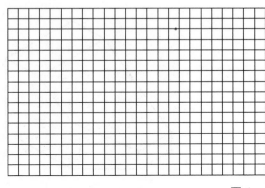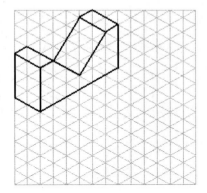

图1

（2）绘制如图2所示切割长方体的三视图和正等测草图。

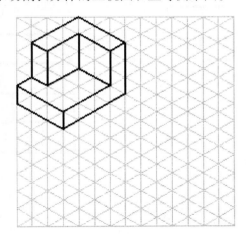

图2

（3）绘制如图3所示切割长方体的三视图和正等测草图。

（4）绘制如图4所示切割长方体的三视图和正等测草图。

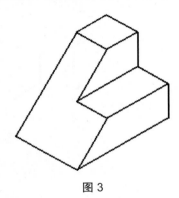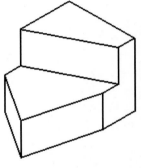

图3　　　　　　　　　　　　　　图4

（5）绘制如图5所示切割长方体的三视图和正等测草图。

（6）绘制如图6所示切割长方体的三视图和正等测草图。

（7）绘制图7所示三视图的正等测草图。

（8）绘制图8所示三视图的正等测草图。

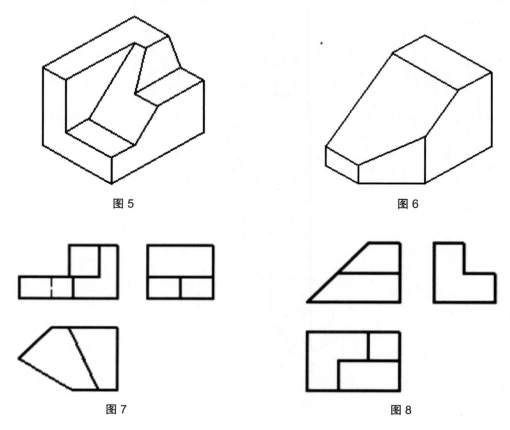

图 5　　　　　　　　　　　　　　　　　　图 6

图 7　　　　　　　　　　　　　　　　　　图 8

第4章

圆柱三视图和正等轴测草图

4.1 圆柱三视图的草图绘制

圆柱由圆柱面、顶面、底面围成。圆柱面可看作直线绕与它相平行的轴线旋转而成。

下面以竖直放置的圆柱为例，介绍绘制圆柱三视图草图的步骤。画圆柱的三视图时，先画出圆的中心线、轴线（都是点画线），其次画出投影为圆的视图，然后根据投影关系画出其余两个视图，如图4.1所示。

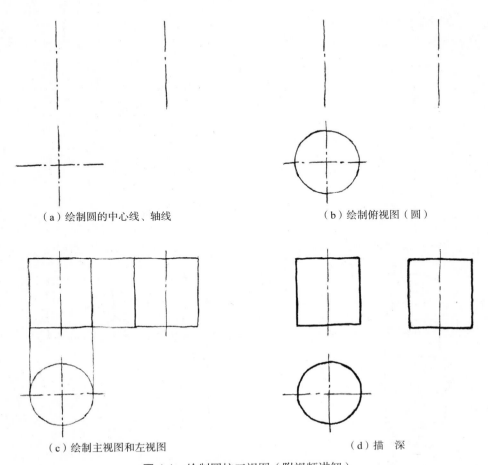

（a）绘制圆的中心线、轴线   （b）绘制俯视图（圆）

（c）绘制主视图和左视图   （d）描 深

图 4.1 绘制圆柱三视图（附视频讲解）

带孔的圆柱三视图见图4.2，孔为内部结构，在主视图和左视图上的投影画虚线。

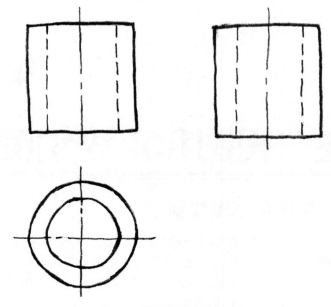

图 4.2 带孔的圆柱三视图

例4.1 绘制轴线为正垂线的圆柱的三视图草图，圆柱直径为$\phi20$，长度为25。具体的作图步骤如图4.3所示。

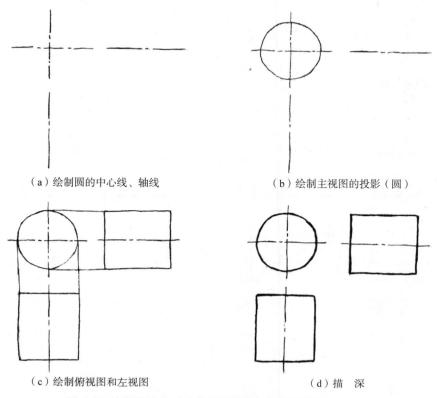

（a）绘制圆的中心线、轴线　　　　　　（b）绘制主视图的投影（圆）

（c）绘制俯视图和左视图　　　　　　　（d）描　深

图 4.3 绘制轴线为正垂线的圆柱的三视图（附视频讲解）

例4.2　绘制轴线为侧垂线的圆柱的三视图草图，圆柱直径为$\phi 20$，长度为25。

具体的作图步骤如图4.4所示。

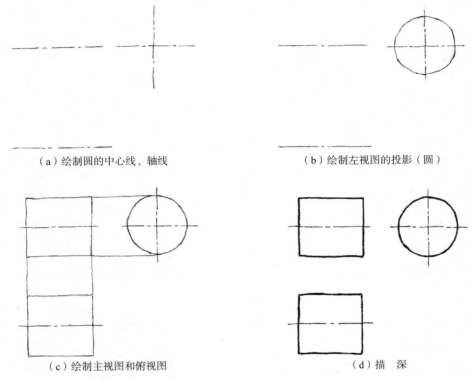

（a）绘制圆的中心线、轴线　　　　　（b）绘制左视图的投影（圆）

（c）绘制主视图和俯视图　　　　　　（d）描　深

图4.4　绘制轴线为侧垂线的圆柱的三视图（附视频讲解）

4.2　圆柱正等轴测草图绘制

空间平行于投影面的三种圆（正平圆、水平圆、侧平圆）的正等轴测投影为椭圆，如图4.5所示。

通常使用四心画椭圆的方法绘制，即用4段圆弧拼接成近似椭圆，如图4.6所示。首先画出圆的外切正方形的正等轴测投影——菱形，菱形的短对角线两个端点为两个圆心O_1和O_2，另两个圆心O_3和O_4在长对角线上，两个大圆弧的半径为O_1A，两个小圆弧的半径为O_3A。

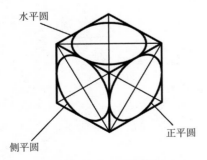

图4.5　圆的正等轴测投影

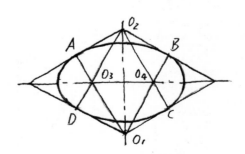

图4.6　四心画椭圆

　　下面以竖直放置的圆柱为例，说明绘制圆柱正等轴测图（简称正等测）草图的步骤。具体的作图步骤如图4.7所示。

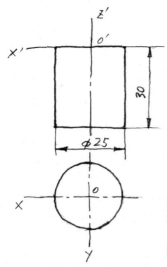

（a）以顶面圆心为原点建立直角坐标系

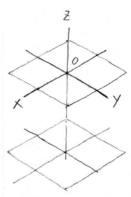

（b）画顶面和底面圆外切正方形的正等测（菱形）

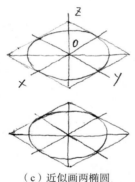

（c）近似画两椭圆

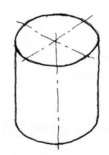

（d）作两椭圆的公切线，描深

图 4.7　绘制圆柱的正等测（附视频讲解）

　　我们把本例顶面和底面的菱形连接起来，就形成一个长方体，这个长方体称为圆柱的"包容长方体"，如图4.8所示。因此在画曲面立体轴测图时，可以先画出其"包容长方体"的轴测图，然后进行修改，得到所需的曲面立体的正等测。

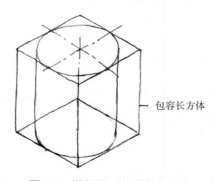

包容长方体

图 4.8　圆柱的"包容长方体"

例4.3　绘制如图4.9（a）所示轴线为正垂线的圆柱的正等测草图。

具体的作图步骤如图4.9（b）~（d）所示。

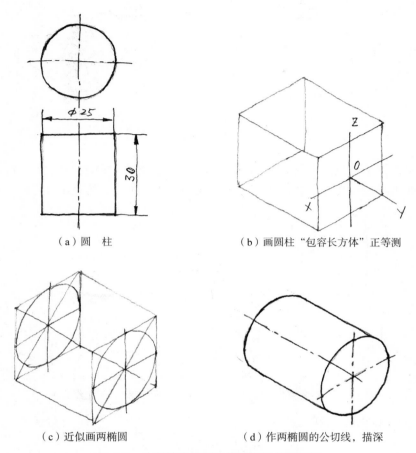

（a）圆　柱　　　　　　　　　　（b）画圆柱"包容长方体"正等测

（c）近似画两椭圆　　　　　　　（d）作两椭圆的公切线，描深

图 4.9　绘制轴线为正垂线的圆柱的正等测

例4.4　绘制如图4.10（a）所示轴线为侧垂线的圆柱的正等测草图。

具体的作图步骤如图4.10（b）~（d）所示。

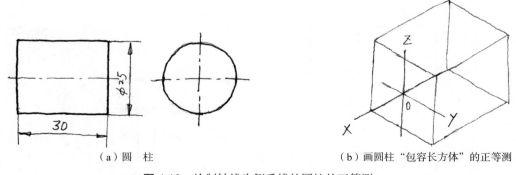

（a）圆　柱　　　　　　　　　　（b）画圆柱"包容长方体"的正等测

图 4.10　绘制轴线为侧垂线的圆柱的正等测

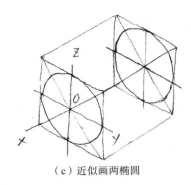

（c）近似画两椭圆

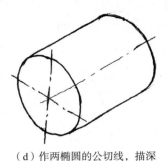

（d）作两椭圆的公切线，描深

图 4.10（续）

　　由上面的例子得到三种不同位置圆柱的正等测，如图4.11（a）所示。注意圆柱的轴线为正垂线或侧垂线时，它们的正等测轴线不能画成水平，如图4.11（b）所示。

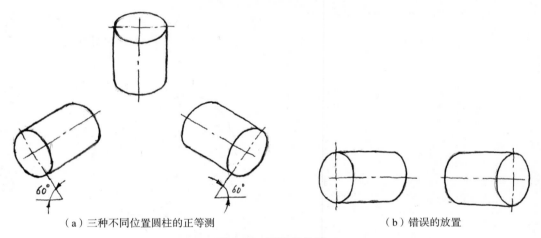

（a）三种不同位置圆柱的正等测

（b）错误的放置

图 4.11　圆柱的放置

例4.5　绘制如图4.12所示U形竖板的正等测草图。

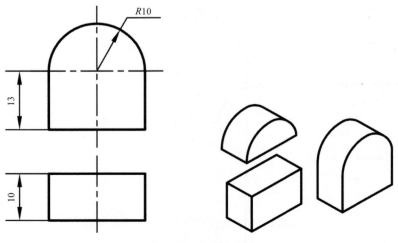

图 4.12　U形竖板

具体的作图步骤如图4.13所示。

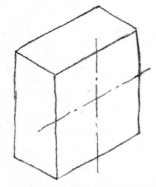

（a）画竖板"包容长方体"的正等测

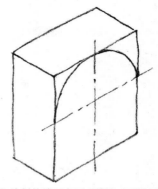

（b）绘制前端面半圆正等测（两段圆弧）

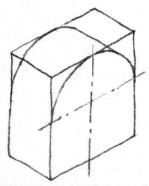

（c）将圆弧平移，画出后端面圆弧，作公切线

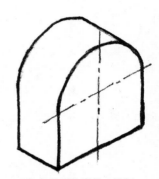

（d）整理轮廓线，描深

图 4.13　绘制 U 形竖板的正等测（附视频讲解）

例4.6　绘制如图4.14所示长圆柱板（A型普通平键）的正等测草图。

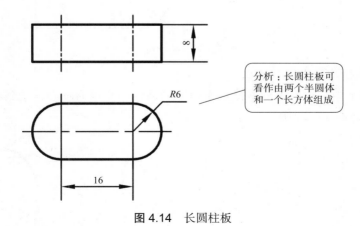

分析：长圆柱板可看作由两个半圆体和一个长方体组成

图 4.14　长圆柱板

具体的作图步骤如图4.15所示。

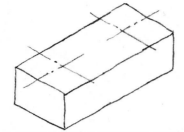
（a）画长圆柱板的"包容长方体"的正等测

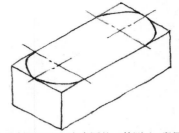
（b）绘制顶面左、右半圆的正等测（4段圆弧）

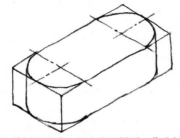
（c）将圆弧平移，画出底面圆弧，作公切线

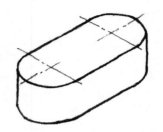
（d）整理轮廓线，描深

图 4.15　绘制长圆柱板的正等测（附视频讲解）

例4.7　绘制如图4.16所示带圆角的底板的正等测草图。

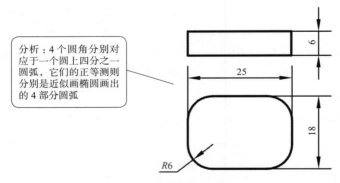

分析：4个圆角分别对应于一个圆上四分之一圆弧，它们的正等测则分别是近似画椭圆画出的4部分圆弧

图 4.16　带圆角底板

具体的作图步骤如图4.17所示。

图4.17（c）中，过圆弧的连接点作边线的垂线，交点为圆心，绘制顶面4段圆弧；将圆弧平移，画出底面圆弧。

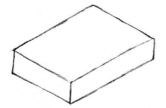
（a）画底板"包容长方体"的正等测

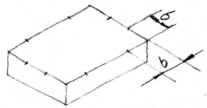
（b）根据圆角半径找出4段圆弧连接点

图 4.17　绘制带圆角底板的正等测（附视频讲解）

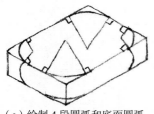

（c）绘制 4 段圆弧和底面圆弧

（d）作公切线

（e）描 深

图 4.17（续）

例4.8 绘制如图4.18所示弯板的正等测草图。

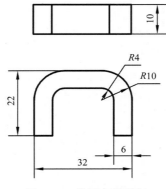

图 4.18 带圆角凹槽板

具体的作图步骤如图4.19所示。

在图4.19（c）中，根据内外圆角半径找出4段圆弧连接点，过圆弧的连接点作边线的垂线，交点为圆心。

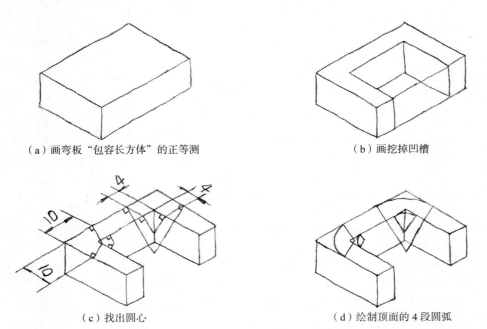

（a）画弯板"包容长方体"的正等测

（b）画挖掉凹槽

（c）找出圆心

（d）绘制顶面的 4 段圆弧

图 4.19 绘制弯板的正等测（附视频讲解）

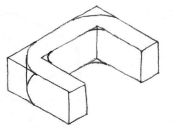

（e）将圆弧平移，画出底面圆弧，作公切线　　　　　　　（f）整理轮廓线，描深

图 4.19（续）

4.3　平面切割圆柱体

　　根据平面与圆柱轴线的不同位置，平面切割圆柱时平面与圆柱表面的交线有3种情况，见表4.1。

表 4.1　平面切割圆柱

位　置	垂直于轴线	平行于轴线	倾斜于轴线
形　状	圆	矩　形	椭　圆
轴测图			
三视图			

　　例4.9　绘制圆柱被正垂面截切后的左视图，如图4.20（a）所示。

　　分析　圆柱被正垂面截切后，切出的截交线是椭圆；截交线的正面投影积聚为一直线，水平投影和圆周重合，侧面投影是椭圆，只要在截交线上取一系列点，求出这些点的侧面投影，光滑连接即可。

具体的作图步骤如图4.20所示。

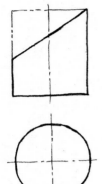
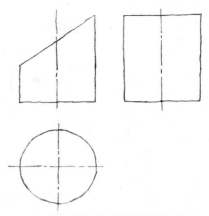

（a）被正垂面截切的圆柱　　　　　　　　（b）绘制完整圆柱左视图矩形

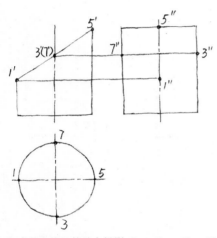
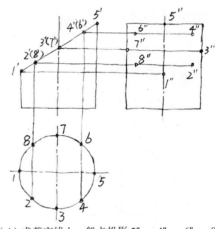

（c）求截交线上特殊点投影1″、3″、5″、7″　　　（d）求截交线上一般点投影2″、4″、6″、8″

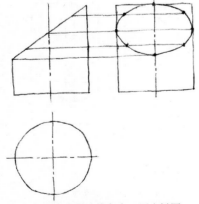
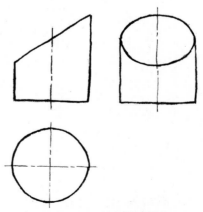

（e）顺次光滑连接各点，画出椭圆　　　　　　（f）整理转向轮廓线，描深

图4.20　绘制圆柱被正垂面截切后的左视图（附视频讲解）

当正垂面与圆柱的轴线夹角是45°时，截交线的侧面投影成圆，直径即是圆柱的直径，如图4.21所示。

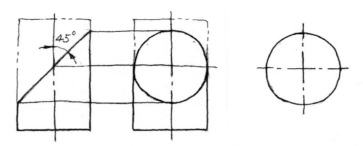

图 4.21　截交线的侧面投影成圆

例4.10　绘制圆柱被组合平面截切后的左视图，如图4.22（a）所示。

　　分析　圆柱被水平面、侧平面、正垂面3个平面截切，切出的截交线分3部分，即部分圆、矩形、部分椭圆；截交线的正面投影分别积聚为直线，水平投影分别为直线、圆弧，需要求的侧面投影是部分椭圆、矩形。

　　具体的作图步骤如图4.22所示。

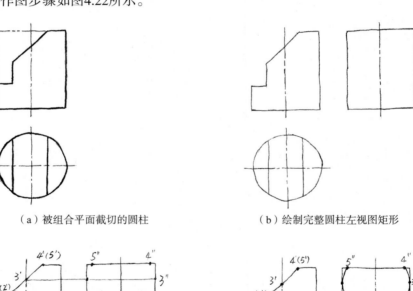

（a）被组合平面截切的圆柱　　　　　　　　　（b）绘制完整圆柱左视图矩形

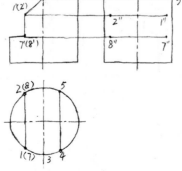

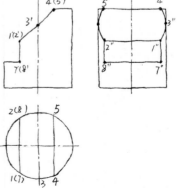

（c）求部分椭圆截交线上点投影 1″、3″、4″、　　　（d）画出截交线部分椭圆、矩形
　　5″、2″，求矩形四个角点投影 1″、2″、7″、8″

图 4.22　绘制圆柱被组合平面截切后的左视图（附视频讲解）

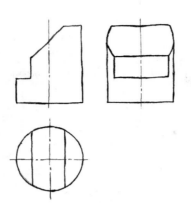

（e）整理转向轮廓线，描深

图 4.22（续）

例4.11 绘制如图4.23所示圆柱切角后的左视图。

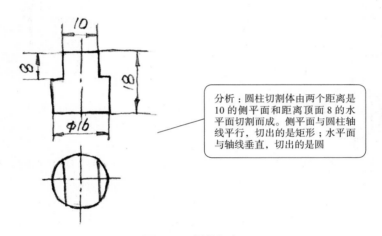

分析：圆柱切割体由两个距离是10的侧平面和距离顶面8的水平面切割而成。侧平面与圆柱轴线平行，切出的是矩形；水平面与轴线垂直，切出的是圆

图 4.23 圆柱切角

轴测草图分析、绘制的步骤如图4.24所示。

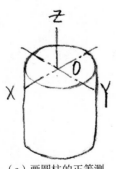 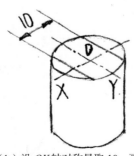 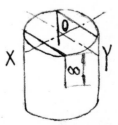

（a）画圆柱的正等测

（b）沿 OX 轴对称量取10，画 OY 轴的平行线，与椭圆相交

（c）自直线与椭圆的交点沿 OZ 轴向下画直线，长度为8

图 4.24 圆柱切角正等测草图分析、绘制

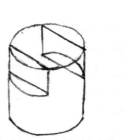

（d）复制顶面部分椭圆和直线

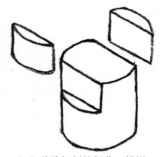

（e）移除切割的部分，描深

图 4.24（续）

绘制左视图草图的步骤如图4.25所示。

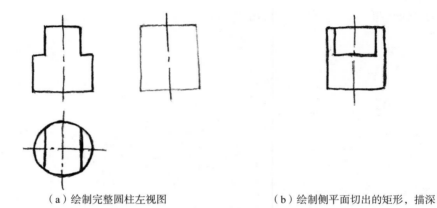

（a）绘制完整圆柱左视图　　　　　　　　　　　　　　　（b）绘制侧平面切出的矩形，描深

图 4.25　绘制切角圆柱的左视图（附视频讲解）

例4.12　画出如图4.26所示圆柱开槽后的左视图。

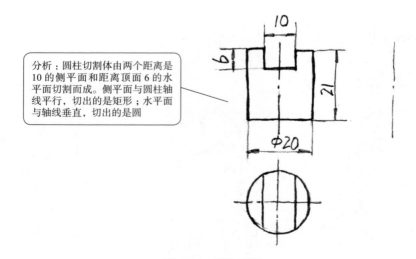

> 分析：圆柱切割体由两个距离是10的侧平面和距离顶面6的水平面切割而成。侧平面与圆柱轴线平行，切出的是矩形；水平面与轴线垂直，切出的是圆

图 4.26　圆柱开槽

圆柱开槽的轴测草图分析、绘制的步骤如图4.27所示。

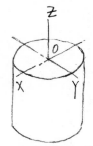
（a）画圆柱的正等测

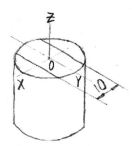
（b）沿OX轴对称量取10，画OY轴的平行线，与椭圆相交

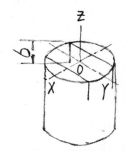
（c）自直线与椭圆的交点沿OZ轴向下画直线，长度为6

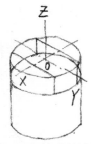
（d）复制顶面部分椭圆和直线

（e）移除切割的部分，描深

图 4.27　圆柱开槽轴测草图分析、绘制

绘制左视图草图的步骤如图4.28所示。

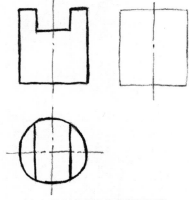

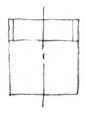

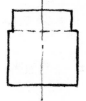

（a）绘制完整圆柱左视图矩形　　　（b）绘制侧平面切出的矩形　　　（c）整理转向轮廓线，描粗

图 4.28　绘制开槽圆柱的左视图（附视频讲解）

例4.13　根据图4.29所示轴套两视图，绘制其正等测草图。

具体的作图步骤如图4.30所示。

在图4.30（b）中，由视图中直线O1，确定轴测图中1。过1作X轴平行线，由视图上直线23确定轴测图上的2点和3点，由2和3作Y轴平行线确定4和5。向下平移点3、4、5，连线画出槽。

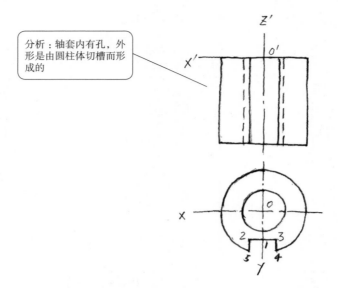

图 4.29 轴 套

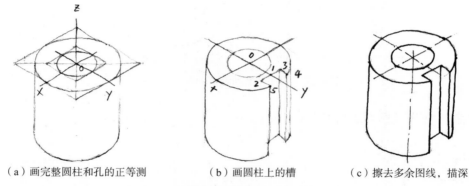

（a）画完整圆柱和孔的正等测　　（b）画圆柱上的槽　　（c）擦去多余图线，描深

图 4.30 绘制轴套正等测草图（附视频讲解）

例4.14　绘制如图4.31所示圆柱被截切后的正等测草图。

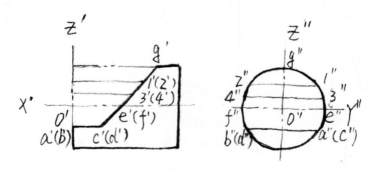

图 4.31 圆柱被截切后的视图

具体的画图步骤如图4.32所示。

在图4.32（b）中，根据坐标关系，确定水平面的位置，得到矩形断面的正等测；根据截交线上各点坐标，定出轴测图上相应点的位置，依次光滑连接各点，得到部分椭圆的截交线的正等测。

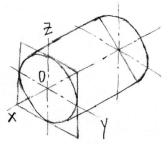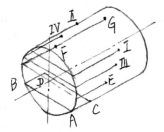

（a）绘制完整圆柱的正等测　　（b）画矩形断面和椭圆截交线的正等测　　（c）擦去多余图线，描深

图 4.32　绘制圆柱被截切后的正等测草图

4.4　圆柱与圆柱相交

两圆柱相交，交线一般是一条空间曲线，称为相贯线，如图4.33所示三通管上就有两圆柱的相贯线。可以想象这个三通管的内部还有两圆柱孔的相贯线。

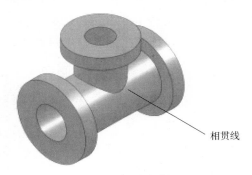

相贯线

图 4.33　三通管

1. 不等径两圆柱相交

不等径两圆柱相交的正等测如图4.34（a）所示，其三视图如图4.34（b）所示，相贯线的水平投影是竖直圆柱的积聚性投影——圆；侧面投影是竖直小圆柱穿过左右大圆柱的一段圆弧；正面投影是弯向大圆柱的一段曲线。

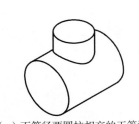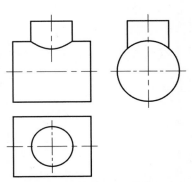

（a）不等径两圆柱相交的正等测　　　　　（b）不等径两圆柱相交的三视图

图 4.34　不等径两圆柱相交

对轴线垂直相交，直径不相等的两圆柱相交，正面投影弯向大圆柱的一段曲线，一般用圆弧代替曲线的近似画法画出，如图4.35所示。

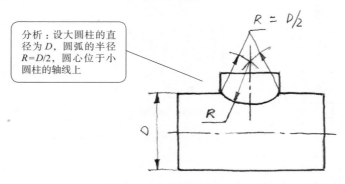

分析：设大圆柱的直径为 D，圆弧的半径 R=D/2，圆心位于小圆柱的轴线上

图 4.35　相贯线近似画法

2. 两等径圆柱相交

两等径圆柱轴线正交时，它们的相贯线在空间是两个椭圆，正面投影为直线，水平和侧面投影为圆，如图4.36所示。这是相贯线的特殊情况。

图4.37所示是直角弯头的视图和剖视图，两圆柱和两孔的相贯线是椭圆，但投影是直线。

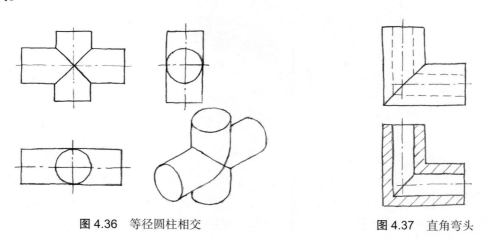

图 4.36　等径圆柱相交　　　　　　　　　图 4.37　直角弯头

3. 圆柱穿孔

圆柱上穿孔的孔口交线如图4.38所示，画法与两圆柱的交线相同。

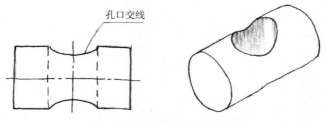

孔口交线

图 4.38　圆柱上穿孔相贯线

4. 孔与孔的孔壁交线

图4.39所示为不等径三通与等径三通的视图和剖视图。三通上有两条相贯线，外面的圆柱与圆柱的相贯线，内部的孔与孔相交的孔壁交线，画法与圆柱的相贯线的画法相同，不剖时要画虚线。

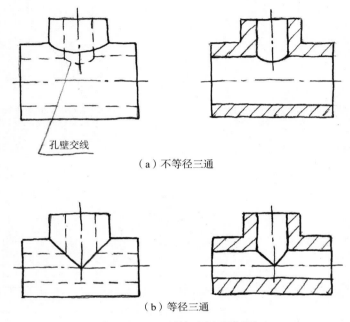

（a）不等径三通

（b）等径三通

图 4.39 三通的视图和剖视图

例4.15 绘制图4.40所示两圆柱相贯的正等测草图。

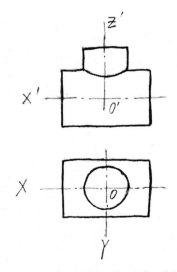

图 4.40 两圆柱相贯的主视图和俯视图

具体的作图步骤如图4.41所示。

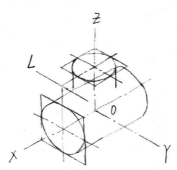

（a）在两视图中建立直角坐标系；绘制两圆柱的正等测，并作铅垂圆柱顶面与侧垂圆柱左端面交线 $L//OY$

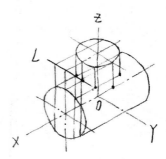

（b）作一系列正平面与两圆柱相交，其截交线的交点即为相贯线上的点

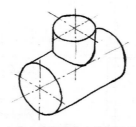

（c）依次连接各点，描深图线，完成全图

图 4.41　绘制两圆柱相贯的正等测草图

图4.42所示是半圆筒挖孔后的正等测和三视图。其中，孔与孔的孔壁交线是相贯线的特殊情况（两圆柱等径正交）。

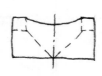

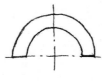

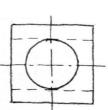

图 4.42　半圆筒挖孔

图4.43所示是圆柱接头的正等测和三视图，它是圆柱切割和穿孔的综合。

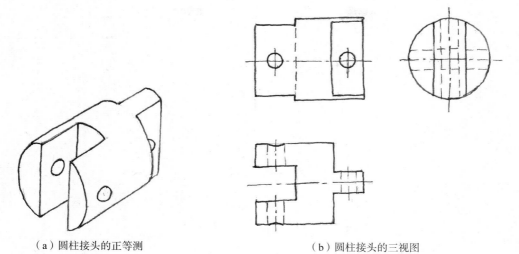

（a）圆柱接头的正等测　　　　　　　　　　（b）圆柱接头的三视图

图 4.43 圆柱接头

第**5**章

其他基本几何体的视图和轴测图

5.1 正六棱柱

正六棱柱是由两个相互平行的正六边形顶面和底面以及6个矩形侧棱面组成。两个相互平行的正六边形称为特征多边形，如图5.1所示。带有正六棱柱特征的零件有六角螺母、六角头螺栓等。

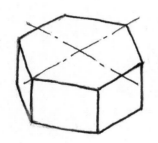

图 5.1 正六棱柱及相关零件

5.1.1 正六棱柱的三视图

将正六棱柱竖直放置，顶面和底面为水平面，使6个棱面中的两个平行于*V*面（最多两个）。然后向投影面投影得到正六棱柱的三视图，如图5.2所示。

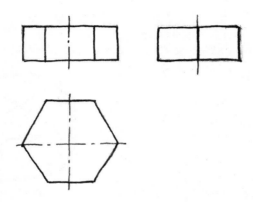

图 5.2 正六棱柱的三视图

具体的作图步骤如图5.3所示。

在图5.3（c）中，按长对正的投影关系和六棱柱的高度画出主视图，按高平齐和宽相等的投影关系画出左视图。

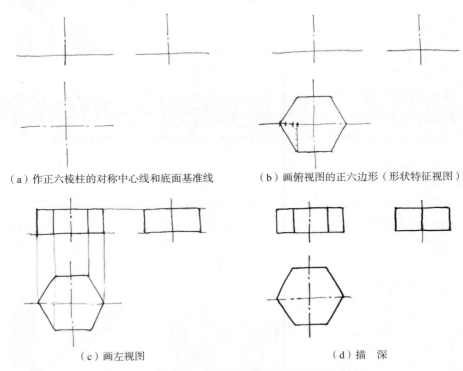

（a）作正六棱柱的对称中心线和底面基准线　　　（b）画俯视图的正六边形（形状特征视图）

（c）画左视图　　　　　　　　　　　　　　（d）描　深

图5.3　正六棱柱三视图的作图步骤（附视频讲解）

5.1.2　正六棱柱的正等测

画正六棱柱的正等测的具体作图步骤如图5.4所示。

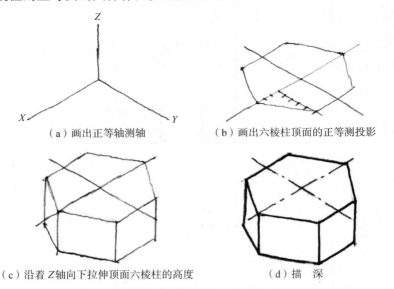

（a）画出正等轴测轴　　　　　（b）画出六棱柱顶面的正等测投影

（c）沿着 Z 轴向下拉伸顶面六棱柱的高度　　　　（d）描　深

图 5.4　正六棱柱的正等测（附视频讲解）

5.2 棱 锥

棱锥是由多边形底面和三角形棱面组成的，三角形棱面交于锥顶，底面多边形是特征多边形。

5.2.1 正三棱锥

1. 正三棱锥的三视图

具体的作图步骤如图5.5（a）所示。

（1）画出底面水平投影正三角形△abc，找出三角形的中心s，连线sa、sb、sc画出俯视图。

（2）画出底面的正面投影和侧面投影a′b′和a″b″，可以添加45°辅助线作图。

（3）确定锥顶的正面投影s′和侧面投影s″，连线s′a′、s′b′、s′c′和s″a″、s″b″、s″c″。

（4）描深，如图5.5（b）所示。

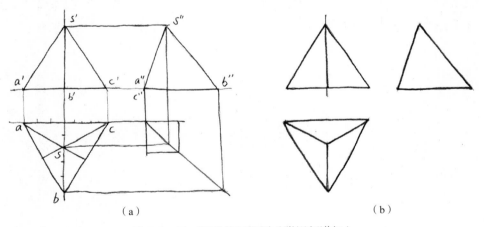

|（a）| |（b）|

图 5.5 正三棱锥的三视图（附视频讲解）

2. 正三棱锥的正等测

具体的作图步骤如图5.6所示。

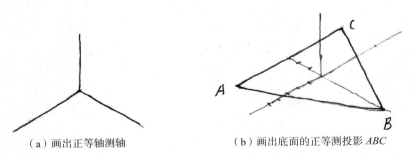

（a）画出正等轴测轴   （b）画出底面的正等测投影 ABC

图 5.6 正三棱锥的正等测（附视频讲解）

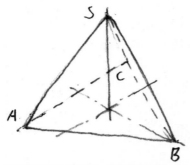

（c）根据高度确定锥顶 S，连线棱线 SA、SB、SC

（d）描　深

图 5.6（续）

可以看出，正三棱锥的正等测立体效果并不太好。

5.2.2　斜二轴测图

斜二轴测图（简称斜二测）的特点是与 V 面平行的平面图形都反映实形。斜二测轴测轴是 X 轴水平，Z 轴竖直，Y 轴与水平成 45°（见图 5.7），三视图上与 Y 轴平行的线段取一半长度在平行轴测轴 Y 方向画图。

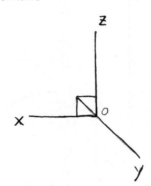

图 5.7　斜二测轴测轴

5.2.3　正三棱锥的斜二测

具体的作图步骤如图 5.8（a）所示。

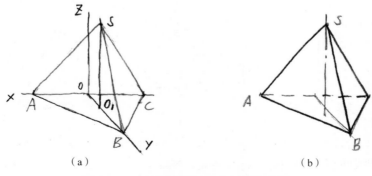

（a）　　　　　　　　　　　　　　　（b）

图 5.8　正三棱锥的斜二测（附视频讲解）

（1）画出斜二测轴测轴。

（2）画出底边三角形△*ABC*，找出底面的中心点*O₁*。

（3）根据高度确定锥顶*S*，连线棱线*SA*、*SB*、*SC*。

（4）描深，如图5.8（b）所示。

可以看出，正三棱锥的斜二测比它的正等测的立体效果要好很多。

5.2.4 正四棱锥

（1）两个棱面为正垂面，两个棱面为侧垂面的正四棱锥的三视图和轴测图（正等测和斜二测），如图5.9所示。

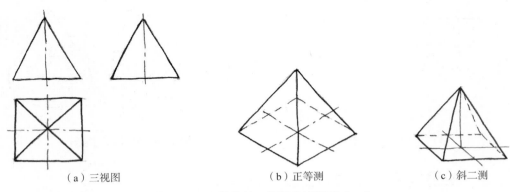

（a）三视图 （b）正等测 （c）斜二测

图 5.9 正四棱锥的三视图和轴测图（一）

（2）两条棱线为正平线，两条棱线为侧平线的正四棱锥的三视图和轴测图（正等测和斜二测），如图5.10所示。

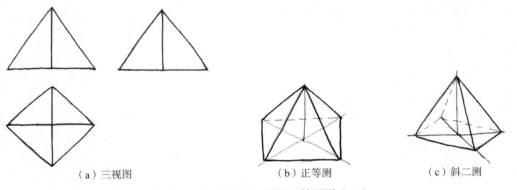

（a）三视图 （b）正等测 （c）斜二测

图 5.10 正四棱锥的三视图和轴测图（二）

5.3 圆 锥

圆锥是由圆锥面和垂直于轴线的底面所围成。圆锥面可以看作是一条直线母线绕与它相交的轴线回转而成。

5.3.1　圆锥的三视图和正等测

当圆锥的轴线为铅垂线时，它的三视图如图5.11所示。画圆锥的三视图时，先画出对称中心线、轴线和底面基准线，然后画投影为圆的视图，再根据圆锥的高度画出圆锥顶点的投影，最后画出其他两个视图。

圆锥的正等测如图5.12所示，先画出底圆的正等测投影椭圆，如图5.12（a）所示。根据圆锥高度确定顶点，过顶点作椭圆的公切线，如图5.12（b）所示。

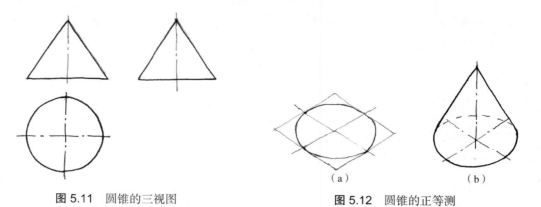

图 5.11　圆锥的三视图　　　　　图 5.12　圆锥的正等测

5.3.2　轴线是铅垂线的圆台及其正等测

圆台的两视图如图5.13（a）所示。圆台的正等测如图5.13（b）所示。具体的作图步骤如下。

（1）画出正等轴测轴。

（2）确定圆台顶面和底面的圆心位置。

（3）画出圆台顶面和底面正等测投影椭圆。

（4）作上、下两个椭圆的公切线。

（5）描深。

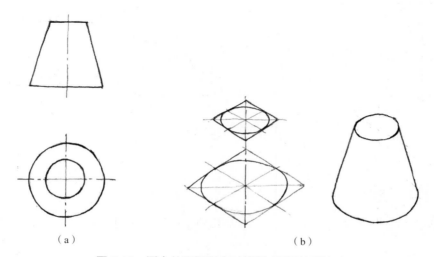

（a）　　　　　　　　　　　　　　　（b）

图 5.13　圆台的两视图和正等测（附视频讲解）

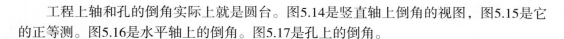

工程上轴和孔的倒角实际上就是圆台。图5.14是竖直轴上倒角的视图，图5.15是它的正等测。图5.16是水平轴上的倒角。图5.17是孔上的倒角。

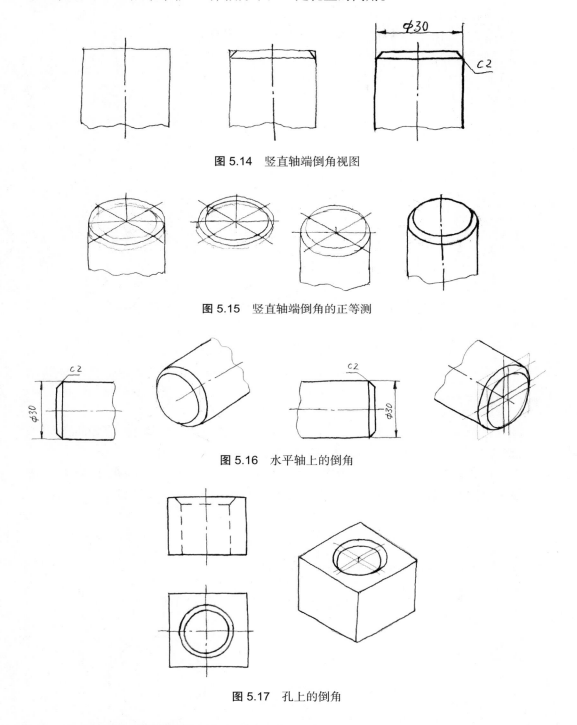

图 5.14　竖直轴端倒角视图

图 5.15　竖直轴端倒角的正等测

图 5.16　水平轴上的倒角

图 5.17　孔上的倒角

5.3.3　轴线是正垂线的圆台及其斜二测

圆台的视图如图5.18（a）所示。

当圆台的轴线是正垂线时，前后端面是正平面，轴测图适合画斜二测，绘图过程如图5.18（b）所示。

（1）画出斜二测的轴测轴。

（2）确定圆台的前、后端面的圆心位置。

（3）画出圆台的前、后圆。

（4）作前、后端面两圆的公切线。

（5）描深。

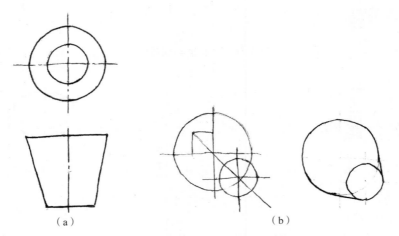

（a）　　　　　　　　　　（b）

图 5.18　圆台的视图和斜二测（附视频讲解）

5.4　圆　球

圆球是由球面围成的，球面可以看成是以一个圆作母线，绕其任一直径回转而成。圆球的三个视图都是与圆球直径相等的圆，如图5.19（a）所示。

圆球的正等测是一个圆，先画出球面上水平（正平或侧平）大圆的正等测投影椭圆，然后以该椭圆长轴为直径画圆即为圆球的正等测，如图5.19（b）所示。

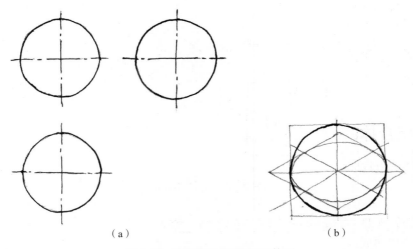

（a）　　　　　　　　　　（b）

图 5.19　圆球的三视图和正等测

第**6**章

组合体的三视图和轴测图

基本体经过组合或切割而得到的物体，称为组合体。

▶ 6.1 组合体的形体分析

6.1.1 形体分析法

多数机械零件可以看作是由一些基本形体经过叠加、切割或穿孔等方式组合而成的。如图6.1所示组合体可以看成是由底板、竖板和肋板三部分组成的，而底板是U形柱体，肋板是三棱柱，竖板则是四棱柱，其上有切割掉一个长方体后形成的槽。

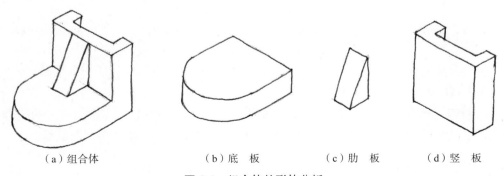

(a) 组合体　　　　　　(b) 底　板　　　　(c) 肋　板　　　　(d) 竖　板

图6.1 组合体的形体分析

这种将复杂的形体分解成若干个基本形体或简单形体（化整为零），并弄清它们之间组合关系的方法，称为形体分析法。对组合体进行形体分析，不但要分析该组合体由哪些基本体组成，还要弄清楚这些基本体之间的组合关系。

6.1.2 组合体的组合形式

组合体的组合形式分为叠加、切割两种基本形式和既有叠加，又有切割的综合形式。

1. 叠　加

组合体由基本体堆叠而成的组合形式称为叠加。如图6.2所示，物体是由底板、竖板和肋板叠加而成。

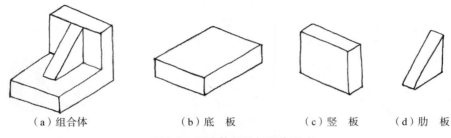

（a）组合体　　　　（b）底　板　　　（c）竖　板　　　（d）肋　板

图 6.2　组合体的叠加组合形式

2. 切　割

由一个基本体切去若干个基本体后形成的组合体的组合形式称为切割。如图6.3所示，物体是由一个正方体先切割掉一个1/4圆柱后再切割一个缺角后形成的。

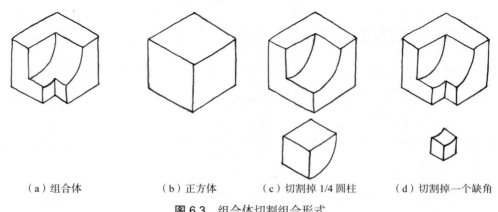

（a）组合体　　　（b）正方体　　　（c）切割掉 1/4 圆柱　　　（d）切割掉一个缺角

图 6.3　组合体切割组合形式

3. 综合形式

一般组合体总是以既有叠加、又有切割的综合方式形成的。如图6.4所示的组合体由底板、竖板叠加而成，但底板上的凹槽，竖板上的圆柱孔，却是切割而成的。

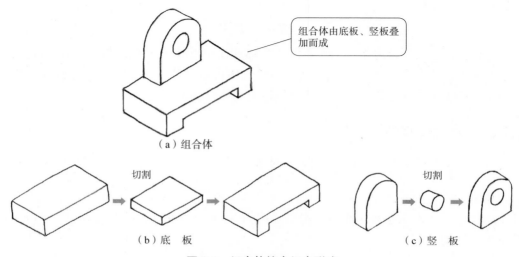

组合体由底板、竖板叠加而成

（a）组合体

切割　　　　　　　切割

（b）底　板　　　　　　　　　（c）竖　板

图 6.4　组合体综合组合形式

有的组合体可以看成是叠加，也可以看成是切割形成的，如图6.5所示。该形体可以看成是两个长方体叠加，如图6.5（b）所示，也可以看成是一个长方体切割掉两个长方体块，如图6.5（c）所示。

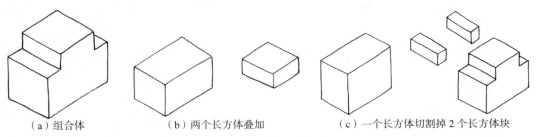

（a）组合体　　　　　　（b）两个长方体叠加　　　　（c）一个长方体切割掉 2 个长方体块

图 6.5　组合体的形成过程

6.1.3　组合体表面的连接关系

运用形体分析法时，一般将组合体分解为若干个基本体，相邻基本体的表面必然会有某种连接关系，这些连接关系分别是平齐和不平齐，相切和相交。

1. 平齐和不平齐

当两形体的表面平齐（共面）时，两形体之间没有分界线，在视图上也不可画出分界线，如图6.6所示。当两形体的表面不平齐时，两形体之间有分界线，在视图上要画出分界线，如图6.7所示。

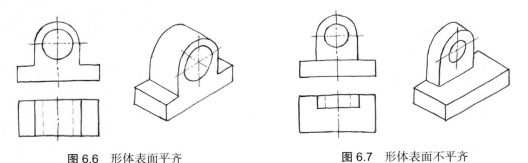

图 6.6　形体表面平齐　　　　　　　　图 6.7　形体表面不平齐

2. 相　切

两形体表面相切时，在相切处两表面光滑过渡，不存在轮廓线，在视图上一般不画分界线（切线），如图6.8所示。

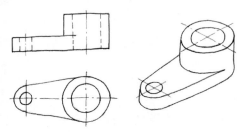

图 6.8　形体表面相切

3. 相　交

两形体表面相交时，在相交处产生交线，在视图上要画出交线的投影，如图6.9所示。

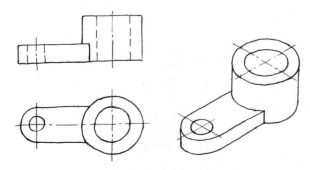

图 6.9　形体表面相交

6.2　绘制组合体的视图

1. 切割型组合体

画切割型的组合体三视图时，先画出完整基本体的三视图，然后按切割步骤一一画出各部分的视图。

例6.1　绘制图6.3所示组合体的三视图，具体绘图步骤如图6.10所示。

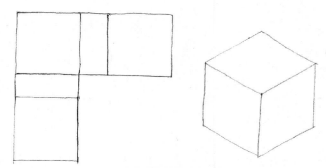

（a）绘制完整正方体的三视图

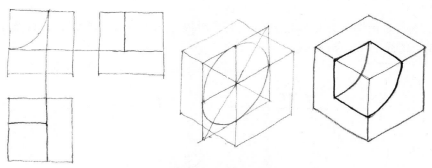

（b）绘制切割的1/4圆柱的三视图

图 6.10　切割型组合体三视图画法（附视频讲解）

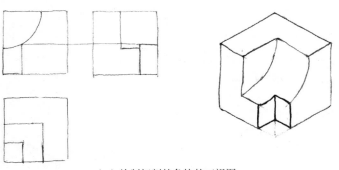

（c）绘制切割的角块的三视图

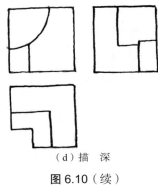

（d）描　深

图 6.10（续）

2. 叠加型和综合型组合体

画叠加型和综合型的组合体三视图时，先进行形体分析，然后按各基本体的主次和相对位置，逐个画出各个基本体的三视图，叠加起来，即得到整个组合体的三视图。

如果有切割或穿孔，先画出未切割形体的视图，然后画出切割部分。

如果组合体里有曲面立体时，可以先画出它的"包容长方体（平面立体）"的视图，然后修改成曲面立体的视图。

例6.2　绘制图6.2所示组合体的三视图。

此组合体由底板、竖板和肋板叠加形成，属于叠加型组合体，具体的绘图步骤如图6.11所示。

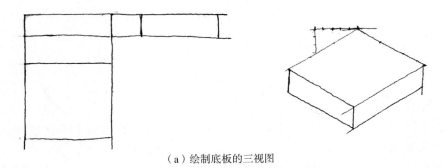

（a）绘制底板的三视图

图 6.11　叠加型组合体三视图画法（附视频讲解）

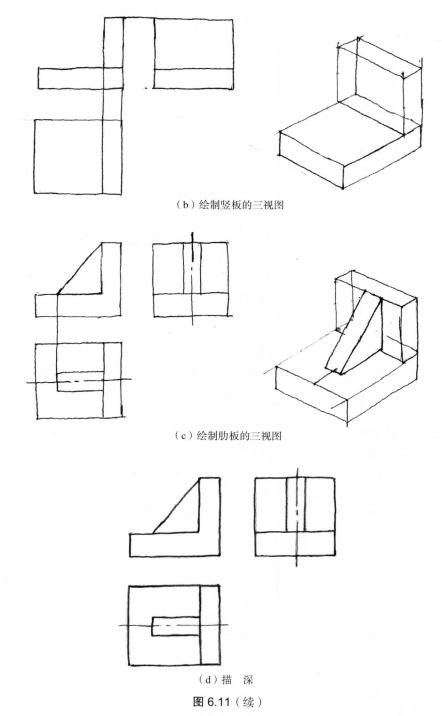

（b）绘制竖板的三视图

（c）绘制肋板的三视图

（d）描深

图 6.11（续）

例6.3 绘制图6.4所示组合体的主视图和俯视图。

此组合体由底板、竖板叠加形成，底板开槽，竖板穿孔，属于综合型组合体，具体的绘图步骤如图6.12所示。

在图6.12（c）中，绘制竖板的视图，可以先画出其"包容长方体（四棱柱）"的视图，然后画出上部的半圆柱的投影（半圆）。

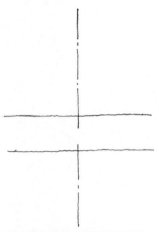

（a）绘制主视图和俯视图基准线

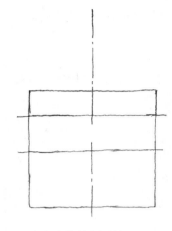

（b）绘制底板的视图

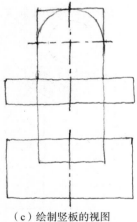

（c）绘制竖板的视图

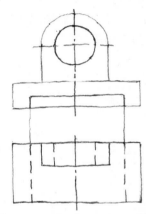

（d）绘制底板上的凹槽和竖板上的圆孔的投影

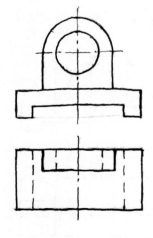

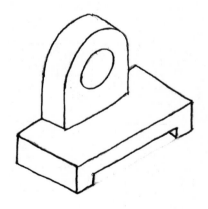

（e）描　深

图6.12　综合型组合体三视图画法（附视频讲解）

例6.4　绘制如图6.13所示组合体的主视图和俯视图。

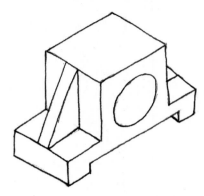

图 6.13　组合体

此组合体由底板、肋板和四棱柱组成，底板开槽，四棱柱穿孔，属于综合型组合体，具体的绘图步骤如图6.14所示。

在图6.14（a）中，根据组合体的外形尺寸（总长、总宽和总高）绘制其"包容长方体"的主视图和俯视图。

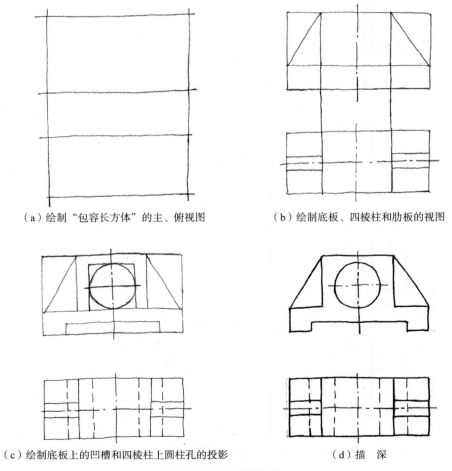

（a）绘制"包容长方体"的主、俯视图　　　（b）绘制底板、四棱柱和肋板的视图

（c）绘制底板上的凹槽和四棱柱上圆柱孔的投影　　（d）描　深

图 6.14　绘制组合体的视图

例6.5　绘制如图6.15所示组合体的三视图。

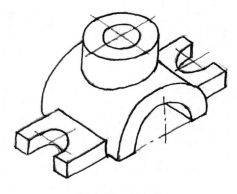

图6.15　组合体

　　此组合体由大圆柱、小圆柱和底板组成，底板开槽，圆柱穿孔，属于综合型组合体，绘图步骤如图6.16所示。

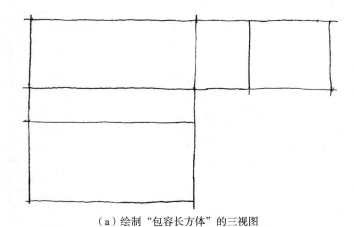

（a）绘制"包容长方体"的三视图

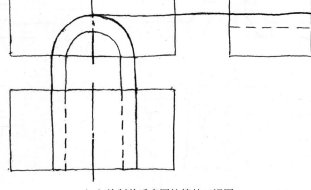

（b）绘制前后半圆柱筒的三视图

图6.16　绘制组合体的三视图

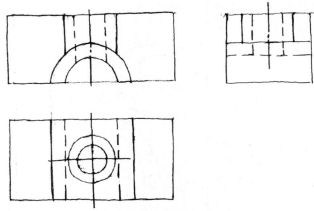

（c）绘制竖直圆柱筒的三视图

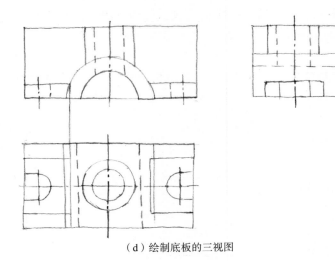

（d）绘制底板的三视图

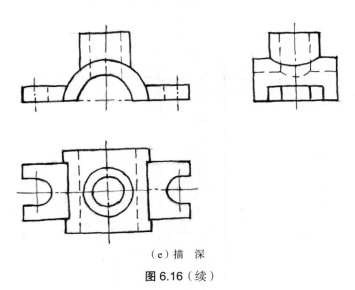

（e）描　深

图 6.16（续）

例6.6 绘制如图6.17所示组合体的主视图和左视图。

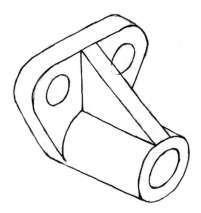

图 6.17 组合体

此组合体由圆柱、竖板和肋板组成，底板和圆柱有穿孔，属于综合型组合体，绘图步骤如图6.18所示。

在图6.18（b）中，绘制后竖板、肋板和圆柱的视图，后竖板和圆柱按其各自"包容长方体"绘制。

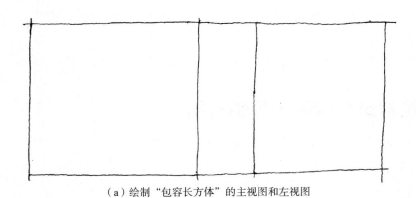

（a）绘制"包容长方体"的主视图和左视图

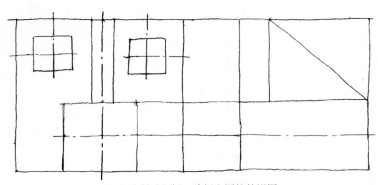

（b）绘制后竖板、肋板和圆柱的视图

图 6.18 绘制组合体的三视图

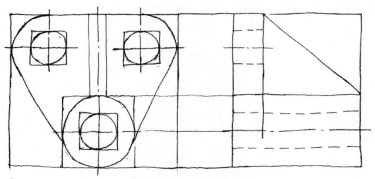

（c）绘制圆柱及孔，底板圆角和孔的投影

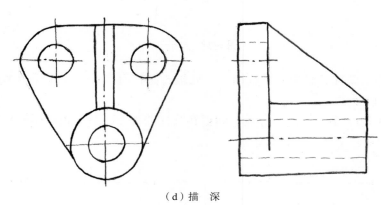

（d）描　深

图 6.18（续）

▶ 6.3　绘制组合体的正等轴测图

例6.7　绘制如图6.19所示形体的正等测。

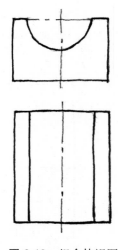

图 6.19　组合体视图

此组合体由长方体切割半圆柱而成，具体的绘图步骤如图6.20所示。

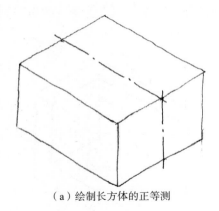

（a）绘制长方体的正等测

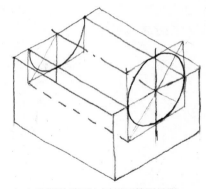

（b）绘制前端面上圆的正等测投影——椭圆，然后向后切除

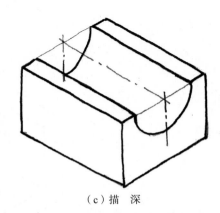

（c）描　深

图 6.20　组合体的正等测（附视频讲解）

例6.8　绘制如图6.21所示形体的正等测。

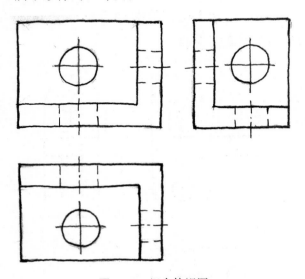

图 6.21　组合体视图

此组合体由水平底板，正平竖板和侧平竖板三块板组成，其上都有穿孔，绘图步骤如图6.22所示。

在图6.22（a）中，根据物体外形尺寸绘制其"包容长方体"的正等测，然后绘制切割的长方体的正等测。

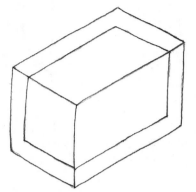

（a）绘制"包容长方体"和切割长方体的正等测

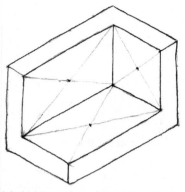

（b）找出切割出的正平面、侧平面和水平面的中心点

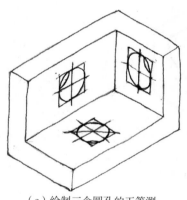

（c）绘制三个圆孔的正等测

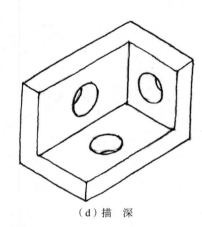

（d）描 深

图 6.22 组合体的正等测

例6.9 绘制如图6.23所示形体的正等测。

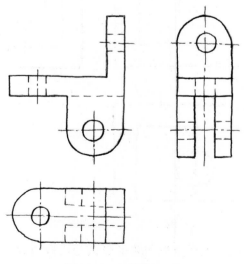

图 6.23 组合体视图

此组合体由一块水平底板、一块侧平竖板和两块正平竖板组成，板上都有穿孔。具体的绘图步骤如图6.24所示。

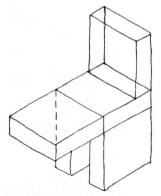

（a）绘制4块板的"包容长方体"的正等测

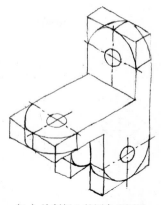

（b）绘制板上的圆角和圆孔

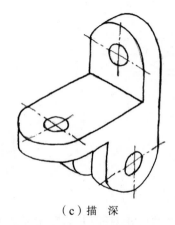

（c）描 深

图 6.24 组合体的正等测

例6.10 绘制如图6.25所示组合体的正等测。

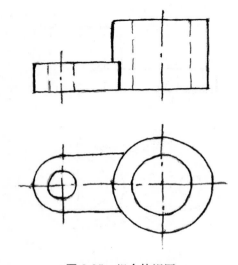

图 6.25 组合体视图

此组合体由圆柱和底板组成，底板前后面和圆柱相交。圆柱有穿孔，底板有圆角和穿孔。具体的绘图步骤如图6.26所示。

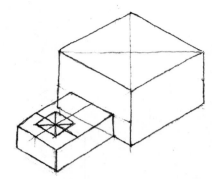

（a）绘制圆柱和底板的"包容长方体"的正等测

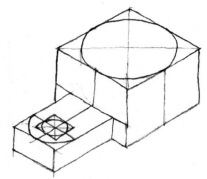

（b）画圆柱和底板顶面的正等测

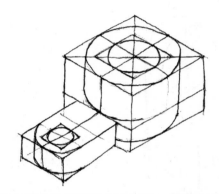

（c）向下平移椭圆到底板和圆柱的底面，底板与圆柱相交

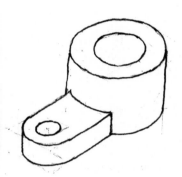

（d）描　深

图 6.26　组合体的正等测（附视频讲解）

例6.11　绘制如图6.27所示形体的正等测。

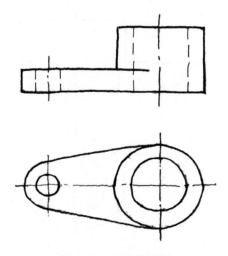

图 6.27　组合体视图

此组合体由圆柱和底板组成，底板前后面和圆柱相切。圆柱有穿孔，底板有圆角和穿孔。绘图步骤如图6.28所示。

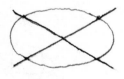

（a）绘制圆柱顶面圆的正等测投影—椭圆

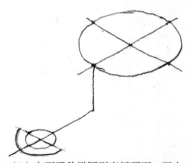

（b）向下平移椭圆到底板顶面，画出底板圆角和圆孔的正等测

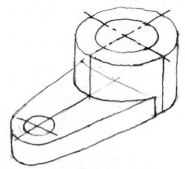

（c）向下平移椭圆到底板和圆柱的底面，底板与圆柱相切

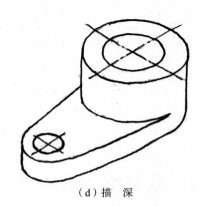

（d）描　深

图 6.28　组合体的正等测

例6.12　绘制如图6.29所示形体的正等测。

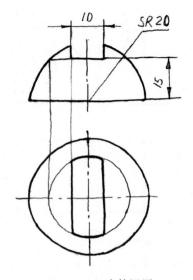

图 6.29　组合体视图

此形体为半球切槽形成，具体的绘图步骤如图6.30所示。

在图6.30（a）中，绘制圆球上水平大圆的正等测投影——椭圆，然后作椭圆的外切圆即是圆球的正等测。

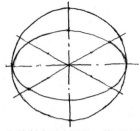 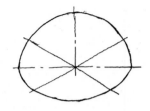 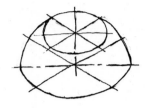

（a）绘制水平大圆的正等测投影　　（b）擦去下半圆得到半球的正等测　　（c）绘制开槽水平面的正等测投影

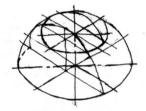 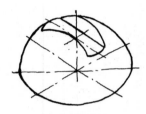

（d）绘制开槽侧平面的正等测投影　　　　（e）描　深

图 6.30　组合体的正等测

6.4　绘制组合体的斜二轴测图

斜二轴测图（简称斜二测）适合绘制有较多正平圆的组合体。

例6.13　绘制如图6.31所示形体的斜二测。

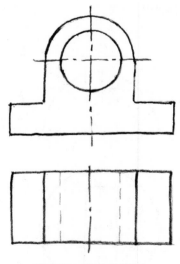

图 6.31　组合体视图

此组合体由底板和带孔的U形竖板组成，圆孔的轴线为正垂线，前后端面是正平面，适合画斜二测。具体的绘图步骤如图6.32所示。

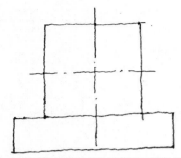

（a）绘制底板前端面的矩形和U形竖板
前端面的"包容矩形"

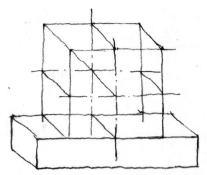

（b）沿着斜二测的 Y 轴方向向后平移（a）
图所示的前端面图形

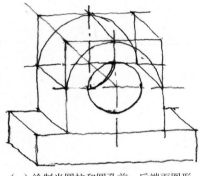

（c）绘制半圆柱和圆孔前、后端面图形

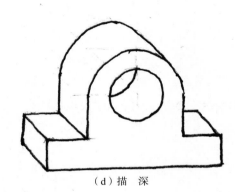

（d）描 深

图 6.32 组合体的斜二测（附视频讲解）

例6.14 绘制如图6.33所示形体的斜二测。

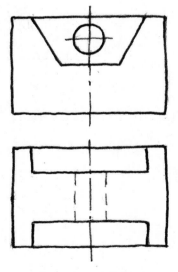

图 6.33 组合体视图

此形体由长方体切割形成，前后槽由正平面梯形切除，然后穿孔。具体的绘图步骤如图6.34所示。

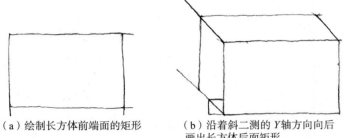

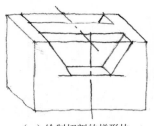

（a）绘制长方体前端面的矩形　　　（b）沿着斜二测的 Y 轴方向向后　　　　（c）绘制切割的梯形块
　　　　　　　　　　　　　　　　　　　画出长方体后面矩形

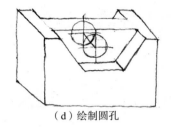

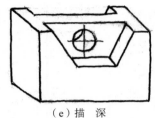

（d）绘制圆孔　　　　　　　　　　　（e）描　深

图 6.34　组合体的斜二测

例6.15　绘制如图6.35所示形体的斜二测。

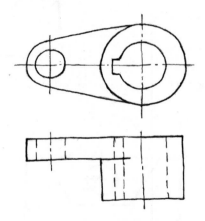

图 6.35　组合体视图

此组合体由圆柱和后板组成，圆柱的轴线为正垂线，因此圆柱和后板的圆和圆弧都
处于正平位置。绘图步骤如图6.36所示。

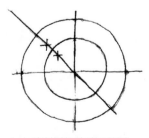

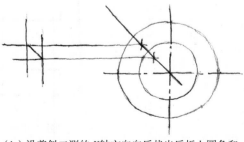

（a）绘制圆柱前端面的圆　　　　　　　（b）沿着斜二测的 Y 轴方向向后找出后板上圆角和
　　　　　　　　　　　　　　　　　　　　圆孔前后的圆心

图 6.36　组合体的斜二测

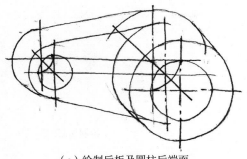 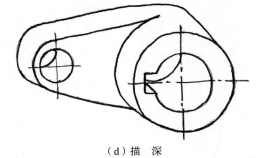

（c）绘制后板及圆柱后端面　　　　　　　　（d）描　深

图 6.36（续）

第7章

机件的剖视（轴测）图及其草图

7.1 轴测剖视图

在轴测图上，为了表示物体的内部不可见结构的形状，也常使用剖切的画法，这种剖切后的轴测图，称为轴测剖视图。

1. 轴测图上的剖切位置

在轴测图上剖切，为了不影响物体的完整状态，而且尽量使图形明显、清晰、直观，在空间一般用分别与两个直角坐标平面相互垂直的两个剖切平面将物体切去四分之一，即在轴测图上，用互成与轴间角大小一样的两个剖切平面沿两个轴测坐标平面（或其平行面）剖切，能较完整地显示物体的内、外形状，如图7.1所示。

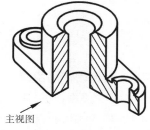

主视图

图 7.1 轴测图剖切位置

2. 轴测剖视图上的剖面线方向

正等测剖视图上的剖面线方向，如图7.2所示。剖面线与两相关轴截距相当。

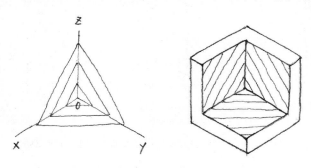

图 7.2 正等测剖视图的剖面线方向

3. 轴测剖视图草图的画法

在轴测图上作剖视图，一般有两种方法。

方法一：先画机件完整的轴测外形；然后，按所选的剖切位置画出剖面区域的轮廓，再将剖切后可见的内部形状画出；最后，将被剖去的部分擦掉，画出剖面线，描深。这种方法初学时较容易掌握。

例7.1　画出如图7.3所示带孔圆柱的正等测剖视图草图。

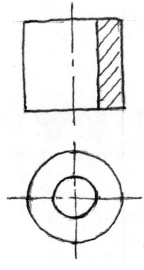

图 7.3　带孔圆柱

　　具体的作图步骤如图7.4所示。
　　在图7.4（b）中，用两个互相垂直的剖切平面沿坐标面*XOZ*和*YOZ*剖切，画出断面的形状和剖切后内形可见部分的投影。

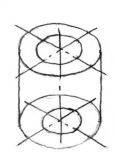
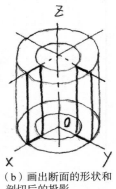

（a）画圆筒的正等测草图　　　　　（b）画出断面的形状和　　　　　（c）擦除多余的图线，绘制
　　　　　　　　　　　　　　　　　剖切后的投影　　　　　　　　　　剖面线，描深

图 7.4　圆筒正等测剖视图草图的画法（附视频讲解）

　　方法二：先画出剖面区域及其上的剖面线，然后，画出与剖面区域有关联部分的形状，再将其余剖切后可见部分的形状画出，描深。这种画法可减少不必要的作图线，使作图较为简便，对于内、外形状均较复杂的组合体较为适宜。
　　例7.2　画出如图7.5所示机件的正等测剖视图草图。
　　具体的作图步骤如图7.6所示。

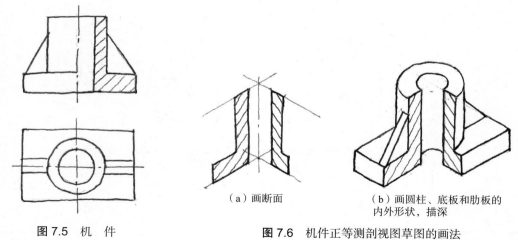

图 7.5　机　件

（a）画断面　　　　（b）画圆柱、底板和肋板的
内外形状，描深

图 7.6　机件正等测剖视图草图的画法

例7.3　画出如图7.7所示机件的正等测剖视图草图。

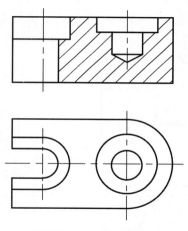

图 7.7　机件的全剖视图

具体的作图步骤如图7.8所示。

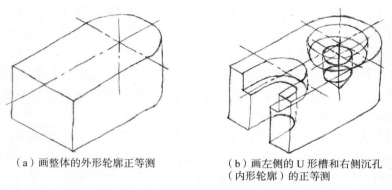

（a）画整体的外形轮廓正等测　　　（b）画左侧的 U 形槽和右侧沉孔
（内形轮廓）的正等测

图 7.8　绘制机件正等测剖视图草图

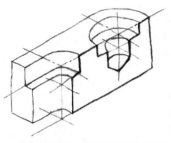
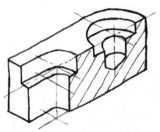

| （c）画剖面区域的轮廓和剖切平面后可见部分的投影 | （d）擦除多余的图线，绘制剖面线，描深 |

图 7.8（续）

7.2　剖视图概述

用视图表达机件时，内部不可见部分要用虚线来表示，如图 7.9 所示。当机件内部的结构形状较复杂时，较多的虚线与可见的轮廓线交叠在一起，不仅影响视图清晰，给看图带来困难，也不便于画图和标注尺寸。为了清楚地表达机件内部的结构形状，在技术图样中常采用剖视图这一表达方法，它的标准是国家标准《机械制图　图样画法　剖视图和断面图》（GB/T 4458.6—2002）。

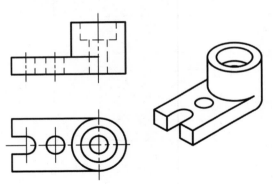

图 7.9　带虚线的视图

如图 7.10 所示，假想地用剖切面（多为平面）剖开机件，将处在观察者和剖切面之间的部分移去，而将其余部分向投影面投射所得的图形称为剖视图。剖视图主要用来表达机件的内部结构形状，在剖视图上，机件的内部形状变为可见，原来不可见的虚线就变成粗实线。

假想将机件剖开后，剖切面与机件的接触部分称为剖面区域。为了区分剖面区域与非剖面区域，剖面区域上要画剖面符号。国家标准规定了各种材料的剖面符号。当不需要在剖面区域中表示材料的类别时，可采用通用剖面线表示。

通用剖面线用一组等间距的平行细实线绘制，一般与主要轮廓或剖面区域的对称线成 45°。同一机件的各个剖面区域，其剖面线的画法应一致，如图 7.10（d）所示。

剖视图用剖切符号、剖切线和剖视图名称（字母）进行标注。剖切符号是由剖切位置线和箭头组成，剖切位置线用短的粗实线绘制，箭头表示投影方向，箭头应垂直于剖切位置线，如图 7.10（d）所示。

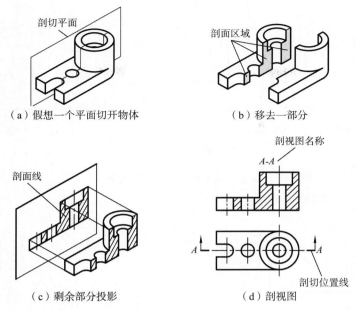

（a）假想一个平面切开物体　　　　（b）移去一部分

（c）剩余部分投影　　　　（d）剖视图

图 7.10　剖视图的形成

根据机件被剖切范围的大小，剖视图分为全剖视图、半剖视图和局部剖视图。

7.3　全剖视图

用剖切平面完全地剖开机件所得的剖视图，称为全剖视图。

前面介绍的剖视图均为全剖视图。全剖视图主要用于表达内部结构形状复杂的不对称机件或外形简单的对称机件。

例7.4　将图7.11（a）所示机件的主视图改画为全剖视图。

具体的作图步骤如图7.11（b）和（c）所示。

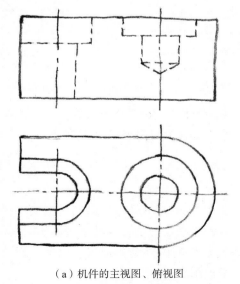

（a）机件的主视图、俯视图

图 7.11　绘制全剖视图草图（附视频讲解）

（b）将主视图中的虚线画成粗实线　　　　　　　（c）在剖面区域内绘制剖面线

图 7.11（续）

例7.5　将图7.12（a）所示机件的主视图改画为全剖视图。

具体的作图步骤如图7.12所示。

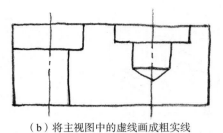
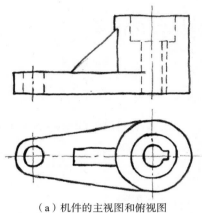
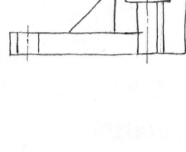

（a）机件的主视图和俯视图　　　　　　　　（b）将主视图中的虚线画成粗实线

（c）擦除多余的外形轮廓线，将肋板与　　　　（d）在剖面区域内绘制剖面线，肋板
　　圆柱交线改为圆柱轮廓线　　　　　　　　　纵剖不画剖面线

图 7.12　绘制全剖视图草图（附视频讲解）

国家标准规定：对于机件的肋、轮辐及薄壁等，如按纵向剖切，这些结构都不画剖面符号，而用粗实线将它与邻接部分分开，如图7.12（d）所示。

7.4　半剖视图

当机件具有对称平面时，在垂直于对称平面的投影面上的投影，可以对称中心线为界，一半画成剖视图，另一半画成视图，这种剖视图称为半剖视图，见图7.13（d）。

半剖视图能同时反映出机件的内外结构形状，因此，对于内外形状都需要表达的对称机件，一般常采用半剖视图表达。

画半剖视图时，习惯画法是左右剖剖右边，前后剖剖前边，上下剖剖下边。

例7.6 将图7.13（a）所示机件的主视图改画为半剖视图草图。

具体的作图步骤如图7.13（b）~（d）所示。

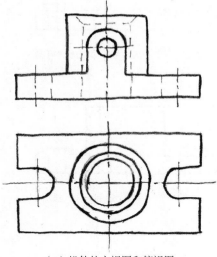

（a）机件的主视图和俯视图

（b）将主视图中心线左侧的虚线省略，中心线右侧的虚线画成粗实线

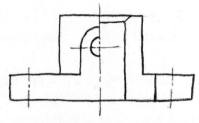

（c）擦除中心线右侧多余外形轮廓线

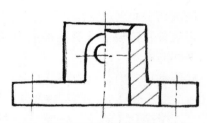

（d）在剖面区域内绘制剖面线，描深

图 7.13 绘制半剖视图草图

例7.7 将图7.14（a）所示机件的主视图改画为半剖视图草图。

具体的作图步骤如图7.14（b）~（e）所示。

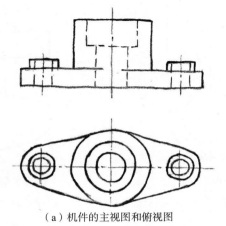

（a）机件的主视图和俯视图

图 7.14 绘制半剖视图草图（附视频讲解）

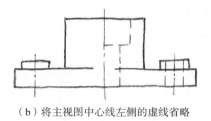

（b）将主视图中心线左侧的虚线省略

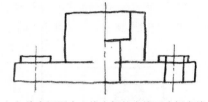

（c）将主视图中心线右侧的虚线画成粗实线

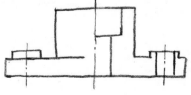

（d）擦除中心线右侧多余的外形轮廓线

（e）在剖面区域内绘制剖面线，描深

图 7.14（续）

7.5　局部剖视图

用剖切平面局部地剖开机件所得的剖视图，称为局部剖视图。

当机件只需要表达其局部的内部结构时，或不宜采用全剖视图、半剖视图时，可采用局部剖视图。

局部剖视图中，剖视部分与视图部分的分界线用波浪线表示。波浪线表示断裂面，因此波浪线应画在机件的实体部分，不能超出轮廓线或与图样上其他图线重合。

例7.8　将图7.15（a）所示机件的主视图改画为局部剖视图。

具体的作图步骤如图7.15（b）～（d）所示。

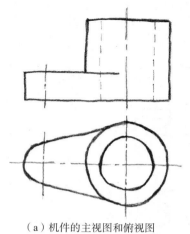

（a）机件的主视图和俯视图

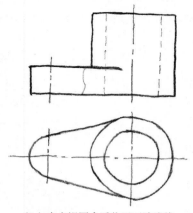

（b）在主视图合适位置画波浪线

图 7.15　绘制局部剖视图草图（附视频讲解）

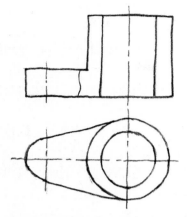
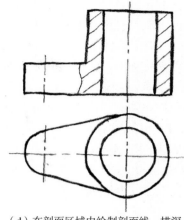

（c）将主视图虚线画成粗实线，擦除多余的外形轮廓线　　　　（d）在剖面区域内绘制剖面线，描深

图 7.15（续）

例7.9 将图7.16（a）所示机件的主视图和俯视图改画为适当的局部剖视图，并绘制其正等测剖视图的草图。

绘制机件局部剖视图草图的步骤如图7.16（b）～（d）所示。

如图7.16（c）所示，在主视图中，以波浪线为界，波浪线左侧虚线画成粗实线，擦除多余外形轮廓线；波浪线右侧虚线省略不画。在俯视图中，以波浪线为界，波浪线下侧虚线画成粗实线，擦除多余的外形轮廓线；波浪线上侧的虚线省略不画。

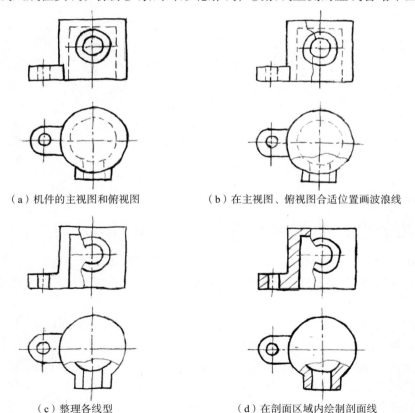

（a）机件的主视图和俯视图　　　　　　（b）在主视图、俯视图合适位置画波浪线

（c）整理各线型　　　　　　　　　（d）在剖面区域内绘制剖面线

图 7.16 绘制局部剖视图草图（附视频讲解）

绘制机件正等测剖视图的步骤如下：

（1）画机件的正等测草图，如图7.17（a）所示。

（2）用剖切平面沿坐标面*XOZ*剖切到合适位置，画出断面的形状；并用波浪线画出垂直坐标面*XOZ*的断裂面，如图7.17（b）所示。

（3）画出剖切后内形可见部分的投影，擦除多余图线；在剖面区域内绘制剖面线并描深；在断裂面内填充散点，如图7.17（c）所示。

（4）用剖切平面平行坐标面*XOY*并通过前面圆孔中心，剖切到合适位置，画出断面的形状；并用波浪线画出垂直剖切平面的断裂面，如图7.17（d）所示。

（5）画出剖切下内形可见部分的投影，擦除多余的图线；在剖面区域内绘制剖面线并描深；在断裂面内填充散点，如图7.17（e）所示。

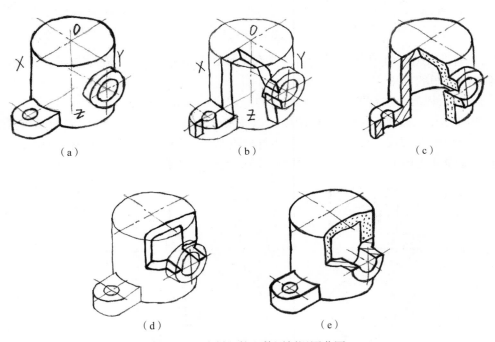

图 7.17　绘制机件正等测剖视图草图

7.6　几个平行的剖切平面——阶梯剖视图

用几个平行的剖切平面剖开机件，并向同一投影面投影得到剖视图（这种剖切方法旧标准称为阶梯剖，现在的标准已不用阶梯剖这个词了，但我们为方便仍沿用），如图7.18所示。

当机件上有较多孔、槽，且它们的轴线或对称面不在同一平面内，用一个剖切平面不可能把机件的内部形状完全表达清楚时，常采用阶梯剖。

阶梯剖必须标注，当剖视图按投影关系配置，中间又没有其他图形隔开时，可省略箭头。当剖切位置线转折处空间有限时，可省略字母。

例7.10　将图7.18（a）所示机件的主视图改画为适当的阶梯剖视图，并绘制其正等轴测剖视图的草图。

绘制机件阶梯剖视图草图步骤如图7.18（b）、（c）所示。

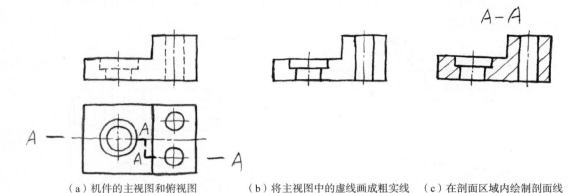

（a）机件的主视图和俯视图　　（b）将主视图中的虚线画成粗实线　（c）在剖面区域内绘制剖面线

图 7.18　绘制阶梯剖视图草图（附视频讲解）

绘制机件正等测剖视图草图的步骤如下：

（1）画机件的正等测草图，如图7.19（a）所示。

（2）用剖切平面沿*A—A*位置剖切，即用两个正平面分别通过左侧孔轴线、右侧前面孔轴线剖切，画出断面的形状，如图7.19（b）所示。

（3）画出剖切后内形可见部分的投影，擦除多余图线；在剖面区域内绘制剖面线并描深，如图7.19（c）所示。

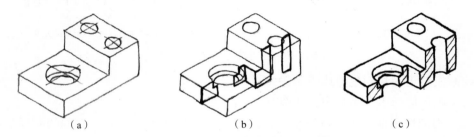

（a）　　　　　　　　（b）　　　　　　　　（c）

图 7.19　绘制机件阶梯剖正等测剖视图草图

▶7.7　几个相交的剖切平面——旋转剖

当机件的内部结构形状用一个剖切平面剖切不能表达完全，且这个机件在整体上又具有公共回转轴时，可用两个相交的剖切平面（交线垂直于某一基本投影面）剖开机件。采用这种方法画剖视图时，先假想按剖切位置剖开机件，然后将被剖切平面剖切到的结构旋转到与选定的投影面平行，再进行投影。这种剖切方法旧标准称为旋转剖，如图7.20所示。

用几个相交的剖切平面获得的剖视图必须标注，但当转折处空间有限又不致引起误解时，允许省略字母。

口诀：先剖、后转、再投影。

例7.11　将图7.20（a）所示机件的主视图改画为旋转剖视图，并绘制其正等测剖视图草图。

第7章 机件的剖视（轴测）图及其草图

绘制机件旋转剖视图草图步骤如图7.20（b）~（d）所示。

在图7.20（b）中，将主视图中的虚线画成粗实线，将右边部分绕轴线旋转到正平位置，然后向V面投影。

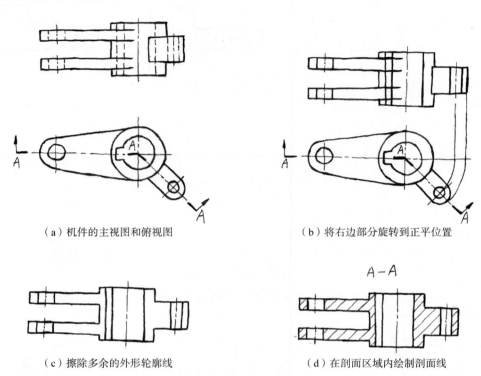

（a）机件的主视图和俯视图　　　　　　　　（b）将右边部分旋转到正平位置

（c）擦除多余的外形轮廓线　　　　　　　　（d）在剖面区域内绘制剖面线

图 7.20　绘制旋转剖视图草图

绘制机件正等测剖视图草图步骤如下：

（1）画机件的正等测草图，如图7.21（a）所示。

（2）用剖切平面沿A-A位置剖切，即用一个正平面和铅垂面（它们的交线是铅垂线——轴线）将机件剖开，画出断面的形状，如图7.21（b）所示。

（3）画出剖切后内形可见部分的投影，擦除多余图线。在剖面区域内绘制剖面线并描深，如图7.21（c）所示。

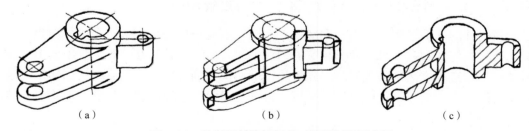

（a）　　　　　　　　　　（b）　　　　　　　　　　（c）

图 7.21　绘制机件旋转剖的正等测剖视图草图

7.8　断面图

如图7.22所示，假想用剖切面将机件的某处切断，仅画出该剖切面与机件接触部分的图形，称为断面图。

断面图常用来表达机件某一部分的断面形状，如机件上的肋板、轮辐、孔、键槽、杆件和型材的断面等。

断面图与剖视图的主要区别在于：断面图仅画出机件被剖切断面的图形，而剖视图则要求画出剖切平面后面所有可见部分的投影。

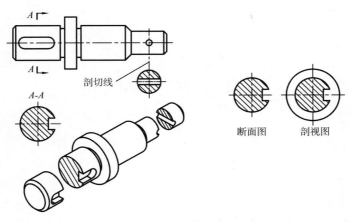

图 7.22　断面图

断面图分移出断面图和重合断面图两种。

1. 移出断面图

画在视图外面的断面图称为移出断面图，轮廓线用粗实线绘制，一般配置在剖切线的延长线上。

例7.12　画出图7.23（a）所示轴在两个剖切位置的移出断面图。左侧平键槽，槽深3。

绘制轴在两个剖切位置的移出断面图草图的步骤如图7.23（b）~（d）所示。

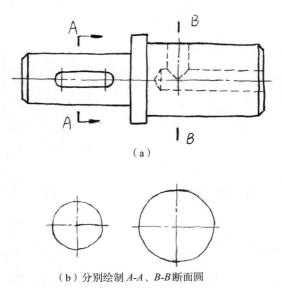

（a）

（b）分别绘制 *A-A*、*B-B*断面圆

图 7.23　绘制断面图草图（附视频讲解）

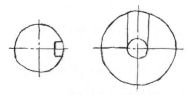

（c）绘制 A-A 断面的键槽，绘制 B-B 断面两孔的投影

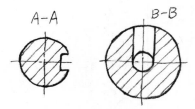

（d）擦去多余轮廓线，在剖面区域内绘制剖面线并描深

图 7.23（续）

2. 重合断面图

画在视图内的断面图称为重合断面图，轮廓线用细实线绘制。图 7.24 所示是角钢的重合断面图。图 7.25（a）是肋板的重合断面图，图 7.25（b）是肋板的移出断面图，肋板的断面图表示了肋板的厚度和形状，它可以是方头，也可以是圆头的。

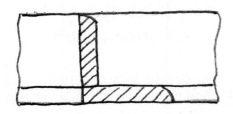

图 7.24　角钢重合断面图

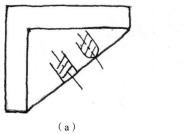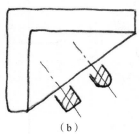

（a）　　　　　　　　　　　　（b）

图 7.25　肋板重合（a）及移出（b）断面图

7.9　局部放大图

将物体的部分结构用大于原图形所采用的比例画出的图形，称为局部放大图。如图 7.26 所示Ⅰ、Ⅱ两处。局部放大图可以画成视图、剖视、断面，它与被放大部分的表

达方式无关。局部放大图应尽量配置在被放大部位的附近。

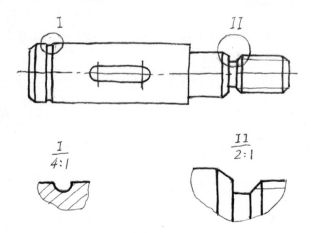

图 7.26　局部放大图

7.10　简化画法

1. 机件的肋、轮辐及薄壁

对于机件的肋、轮辐及薄壁等，如按纵向剖切，这些结构都不画剖面符号，而用粗实线将它们与邻接部分分开。当零件回转体上均匀分布的肋、轮辐、孔等结构不处于剖切平面上时，可将这些结构旋转到剖切平面上画出，如图7.27所示。

例7.13　将如图7.27（a）所示机件的主视图画成剖视图。

具体的绘制步骤如下：

（1）将主视图中的虚线画成粗实线；将均匀分布的孔旋转到剖切平面上（不是旋转剖），然后向V面投影画出；将肋板与圆柱交线改画为圆柱的主视图转向轮廓线，如图7.27（b）所示。

（2）在剖面区域内绘制剖面线，注意肋板不画剖面线，如图7.27（c）所示。

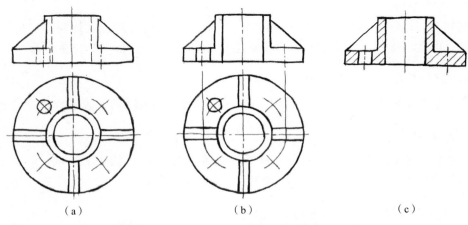

（a）　　　　　　　　　（b）　　　　　　　　　（c）

图 7.27　均匀分布的肋、孔的简化画法（附视频讲解）

2. 断裂边界的简化画法

较长的物体（轴、杆、型材、连杆等）沿长度方向形状一致或按一定规律变化时，可断开后缩短绘制，其断裂边界用波浪线、双折线或细双点画线绘制。但图上仍按实际尺寸标注，如图7.28所示。

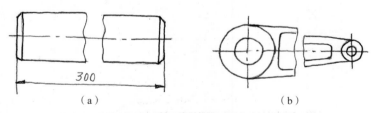

（a） （b）

图 7.28 断开画法

3. 重复结构要素的简化画法

当物体具有多个按一定规律分布的相同结构（齿、槽等）时，只需画出几个完整的结构，其余用细实线连接，并注明该结构的总数，如图7.29（a）所示。若直径相同且成规律分布的孔，可以仅画出一个或几个孔，其余孔只需用点画线表示其位置，并注明孔总数，如图7.29（b）所示。

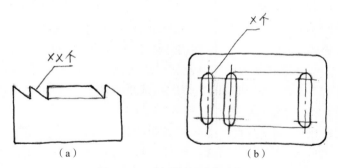

（a） （b）

图 7.29 重复结构要素画法

4. 网状结构的简化画法

网状物、编织物或物体上的滚花部分，可在轮廓线附近用粗实线完全或部分地表示出来，但在零件图上或技术要求中注明这些结构的具体要求，如图7.30所示。

5. 回转体上平面的表示方法

当图形不能充分表达平面时，可用平面符号（相交的两细实线）表示，如图7.31所示。

6. 对称机件的简化画法

在不致引起误解时，对于对称机件的视图可只画出一半或四分之一，并在对称中心线的两端画出两条与其垂直的平行细实线，如图7.32所示。

7. 零件上斜度不大的结构的简化画法

零件上斜度不大的结构如在一个图形中已表达清楚时，其他图形可以只按小端画出，如图7.33所示。

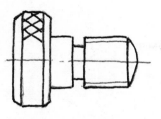

图 7.30 滚花画法

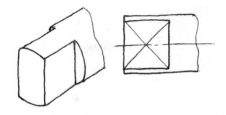

图 7.31 回转体上平面的表示方法

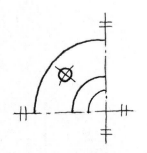

图 7.32 对称机件简化画法

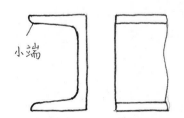

图 7.33 斜度不大结构的简化画法

8. 机件上较小的结构及锥度的简化画法

机件上较小的结构及锥度等已在一个图形中表达清楚时，其他图形应当简化或省略，如图7.34所示。

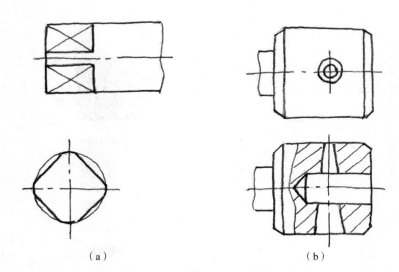

（a） （b）

图 7.34 较小结构和锥度的简化画法

7.11 机件上常见孔的视图和剖视图

机件上常见孔的视图和剖视图如图7.35~图7.37所示。

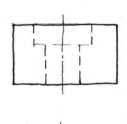

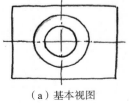

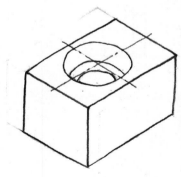

（a）基本视图

（b）轴测图

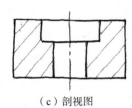

（c）剖视图

（d）轴测剖视图

图 7.35　柱形沉孔

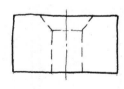

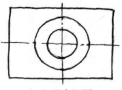

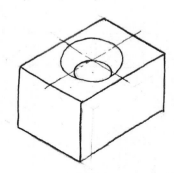

（a）基本视图

（b）轴测图

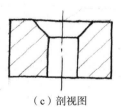

（c）剖视图

（d）轴测剖视图

图 7.36　埋头孔

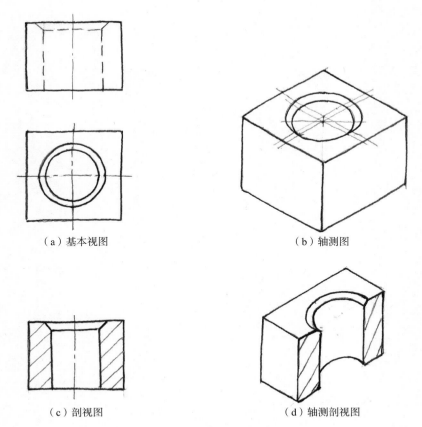

（a）基本视图　　　　　　　　　　　（b）轴测图

（c）剖视图　　　　　　　　　　　（d）轴测剖视图

图 7.37　带倒角的孔

第 **8** 章

文字和尺寸标注

在图样上除了用图形表达机件的形状外，还需要用文字和数字注明机件的大小、技术要求及其他说明等。《技术制图字体》的国家标准代号为GB/T 14691—1993。贯彻字体的标准是为了达到图样上字体的统一、清晰明确、书写方便。

▶ 8.1 字 体

8.1.1 字体的基本要求

国家标准规定图样中书写的字体必须做到：字体工整、笔画清楚、间隔均匀、排列整齐。

字体的高度（h）即字体的号数，如5号字的高度为5。字体的高度h的尺寸系列为1.8、2.5、3.5、5、7、10、14、20等8种。需要书写更大的字时，其字体高度应按$\sqrt{2}$的比率递增。

由于很多汉字的笔画较多，所以国家标准规定汉字的最小高度不应小于3.5。

8.1.2 汉字的书写要求

汉字应写成长仿宋体（直体），其字宽约为字高的0.7倍。汉字应采用国务院正式公布的《汉字简化方案》中规定的汉字。

长仿宋体字具有"字体工整、笔画清楚"的特点，便于书写。其书写要领是：横平竖直，注意起落，结构均匀，填满方格。长仿宋体字的示例如图8.1所示。

10号字

字体工整 笔画清楚 间隔均匀 排列整齐

7号字

字体工整 笔画清楚 间隔均匀 排列整齐

图 8.1 长仿宋字体示例

8.1.3　拉丁字母的书写要求

拉丁字母的字形以直线为主，辅以少量弧线。

拉丁字母有大写和小写，在书写方法上又分为直体和斜体两种，计算机绘图通常用直体，手工绘图一般用斜体，斜体字的字头向右倾斜，与水平基线成75°。

汉语拼音字母与拉丁字母的书写方法完全相同。

拉丁字母的示例如图8.2和图8.3所示。

ABCDEFGHIJKLMNOPQRSTUVWXYZ

abcdefghijklmnopqrstuvwxyz

图 8.2　斜体拉丁字母示例

ABCDEFGHIJKLMNOPQRSTUVWXYZ

abcdefghijklmnopqrstuvwxyz

图 8.3　直体拉丁字母示例

8.1.4　数字的书写要求

在图样中标注尺寸数值，或者编写零部件序号时，要用阿拉伯数字注写，数字也分为直体和斜体。

书写数字时，要求其字形能明显区分、容易辨认。当数字和字母混合书写时更是如此。阿拉伯数字的示例如图8.4所示。

0 1 2 3 4 5 6 7 8 9

0 1 2 3 4 5 6 7 8 9

图 8.4　斜体、直体阿拉伯数字示例

在局部放大图的标注中，有时需要用到罗马数字，罗马数字的书写示例如图8.5所示。

I II III IV V VI VII VIII IX X

图 8.5　罗马数字示例

▶ 8.2　尺寸标注

图形只能表示物体的形状，物体的大小必需通过标注尺寸才能确定。标注尺寸时要遵守国家标准《机械制图 尺寸注法》中的基本规则和基本规定。《机械制图 尺寸注法》的国家标准代号为GB/T 4458.4—2003。尺寸是制造机件的重要依据，所以标注尺寸一定要认真细致，一丝不苟。

8.2.1 尺寸标注的基本知识

1. 基本规则

（1）图样上标注的尺寸数值就是机件实际大小的数值，与绘图比例及绘图的准确度无关。

（2）图样中的尺寸，一般以mm为单位，不需标注其计量单位的名称或代号。若采用其他单位，则必须注明相应计量单位的代号或名称。

（3）图样上所标注的尺寸为机件的最后完工尺寸。

（4）机件的每个尺寸，在图样上一般只标注一次，并应标注在反映该结构最清晰的图形上。

2. 尺寸要素

图样上标注的尺寸，一般由尺寸界线、尺寸线和尺寸数字（包括必要的计量单位、字母和符号）组成。其基本规定如下。

1）尺寸界线

尺寸界线用细实线绘制，用以表示所标注尺寸的度量范围。尺寸界线应由图形的轮廓线、轴线、对称中心线处引出；也可利用轮廓线、轴线、对称中心线作为尺寸界线，如图8.6所示。

2）尺寸线（包括尺寸终端）

尺寸线必须用细实线单独绘制，用以表示尺寸的度量方向。

线性尺寸的尺寸线必须与所标注的线段平行，其终端在机械图样中一般采用箭头的形式，如图8.6所示。箭头画法如图8.7所示。

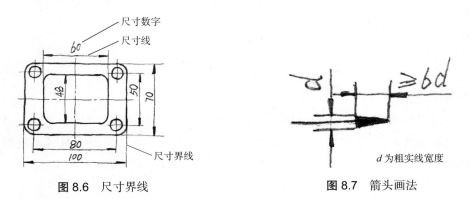

图 8.6　尺寸界线　　　　　　图 8.7　箭头画法

3）尺寸数字

线性尺寸数字一般应注写在尺寸线的上方中间处，当空间有限，在尺寸上方注写数字有困难时，也允许数字注写在尺寸线的中断处。

线性尺寸数字方向，一般应随尺寸线的方位而变化，如图8.8（a）所示，并尽可能避免在图示的30°范围内标注尺寸。当无法避免时，可按图8.8（b）的形式引出标注。

尺寸数字不可被任何图线所通过，否则必须将该图线断开，如图8.8（c）所示。

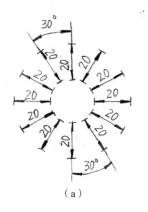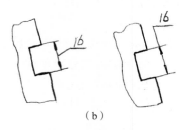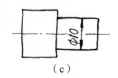

（a）　　　　　　　　（b）　　　　　　　　（c）

图 8.8　线性尺寸数字的写法

8.2.2　常见尺寸的基本注法

1. 直径尺寸

（1）整圆或大于半圆的圆弧应标注直径，并在尺寸数字前加注符号"φ"。

（2）直径尺寸可标注在投影为圆的视图、或非圆的视图，如图8.9（a）、（b）所示。

（3）在投影为圆的视图中，尺寸线一般应通过圆心，如图8.9（c）所示。

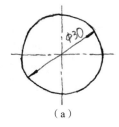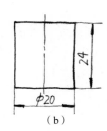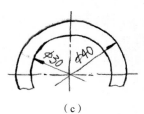

（a）　　　　　　　　（b）　　　　　　　　（c）

图8.9　直径尺寸注法

2. 半径尺寸

小于等于半圆的圆弧应标注半径，并在尺寸数字前加注符号"R"，半径尺寸必须注写在投影为圆弧的视图上，如图8.10所示。图8.10（c）中，图的尺寸线有曲折，表示圆弧的半径较大，圆心在中心线上，但不是图上所示的位置点。

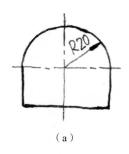

（a）　　　　　　　　（b）　　　　　　　　（c）

图 8.10　半径的尺寸注法

3. 球面尺寸

标注球面的直径或半径时，应在符号"ϕ"或"R"前再加注符号"S"（sphere），如图8.11所示。

4. 角度尺寸

（1）尺寸线画成圆弧，圆心是角的顶点，尺寸界线应沿径向引出。

（2）角度数字一律写成水平方向，一般注写在尺寸线的中断处。

（3）必要时也可写在尺寸线的上方或外面，也可引出标注，如图8.12所示。

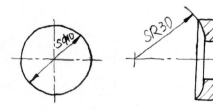

图 8.11　球面尺寸注法

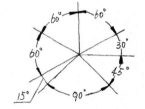

图 8.12　角度尺寸的注法

5. 小尺寸的注法

当尺寸较小没有足够的空间画箭头或放置尺寸数字时，允许用圆点或细斜线代替箭头，如图8.13所示。

当圆的直径或圆弧半径较小，没有足够的位置画箭头或注写数字时，可采用图8.13所示的形式标注。

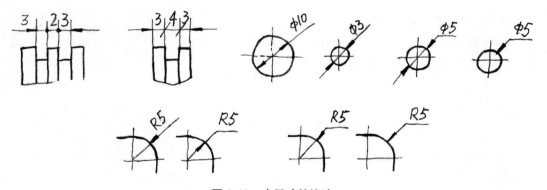

图 8.13　小尺寸的注法

8.2.3　标注尺寸的符号和缩写词

标注尺寸的符号和缩写词应符合表8.1的规定。

表 8.1　标注尺寸的符号和缩写词

序　号	含　义	符号或缩写词
1	直　径	ϕ
2	半　径	R

序　号	含　义	符号或缩写词
3	球直径	$S\phi$
4	球半径	SR
5	厚　度	t
6	均　布	EQS
7	45° 倒角	C
8	正方形	□
9	深　度	▽
10	沉孔或锪平	⊔
11	埋头孔	∨
12	弧　长	⌒
13	斜　度	∠
14	锥　度	▷
15	展开长	⌒○

1. 表示直径、半径、球面的符号

直径尺寸数字前加注符号 "ϕ"，半径尺寸数字前加注符号 "R"。在标注球面的直径或半径尺寸在符号 "ϕ" 和 "R" 前加注 "S"。

2. 表示圆弧长度的符号

标注圆弧的弧长尺寸时，应在尺寸数字的左方加注符号 "⌒"，如图8.14所示。注意尺寸界线应平行于该弧所对圆心角的角平分线。

3. 表示厚度的符号

对于板状零件的厚度，在尺寸数字前加注符号 "t"，如图8.15所示。

4. 斜度和锥度符号

斜度符号如图8.16（a）所示；锥度符号如图8.16（b）所示。

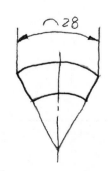

图 8.14　弧长尺寸

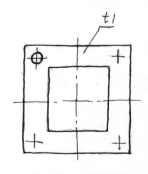

图 8.15　厚度符号

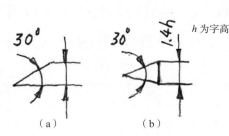

图 8.16　斜度和锥度符号

斜度的标注如图8.17所示。标注时注意斜度符号的倾斜方向必须与图形中的图线的倾斜方向一致，并且符号的水平线和斜线应和所标斜度的方向相对应。

锥度的标注如图8.18所示。标注时注意锥度符号的方向要与图形中的大、小端方向一致。

图 8.17　斜度标注　　　　　　　　　　　图 8.18　锥度标注

5. 表示正方形的符号

标注断面为正方形结构的尺寸时，可在正方形边长尺寸前加注符号"□"或用"B×B"标注，如图8.19 所示。

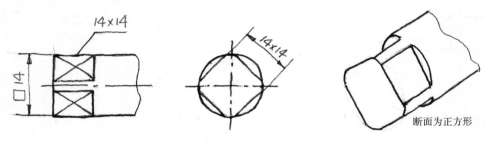

图 8.19　表示正方形的符号

6. 表示45°倒角的符号

45°的倒角标注时可在倒角高度尺寸数字前加注符号"C"（chamfer）。而非45°的倒角尺寸必须分别标注倒角的高度和角度，如图8.20所示。

7. 均匀分布的成组要素的标注

在同一个图形中，对于尺寸相同的成组孔、槽等要素，可只在一个要素上标注其尺寸和数量，并在其后标注"均布"的缩写词"EQS"（equally spaced），如图8.21所示。

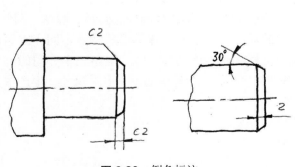

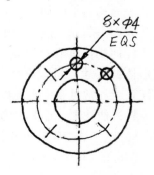

图 8.20　倒角标注　　　　　　　　　图 8.21　标注均布成组要素

119

8. 各类孔的简化标注

各类孔可采用旁注和符号相结合的方法标注，如图8.22所示。在图8.22中，图（a）为直孔，图（b）为螺孔，图（c）为柱形沉孔，图（d）为埋头孔，图（e）为锪平孔。

锪平孔的深度不必标注，只要获得ϕ13的平面即可。

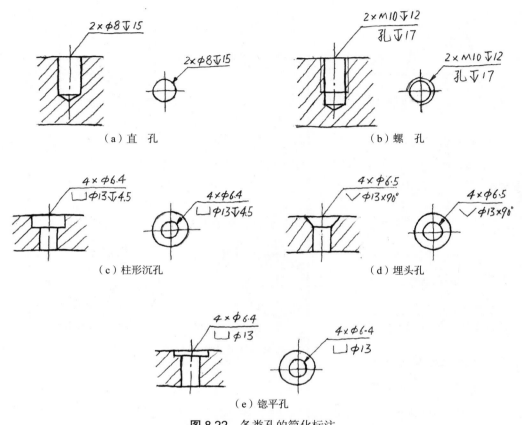

图 8.22　各类孔的简化标注

8.2.4　基本体的尺寸标注

由点、线、面构成的简单立体称为基本体，基本体分为平面立体和曲面立体两类。表面均为平面构成的立体称为平面立体，如棱柱、棱锥、棱台。

表面由曲面或曲面和平面构成的立体称为曲面立体，如圆柱、圆锥、圆球、圆环。

任何物体都有长、宽、高三个方向的尺寸。由于基本体的形状特点不同，因而确定形体的尺寸数量也有所差别。在视图上标注基本体的尺寸时，应将三个方向的尺寸标注齐全。常见基本形体的尺寸标注如图8.23所示。括号中的不是必需尺寸，生产中为了下料方便注上，作为参考尺寸。

例8.1　标注基本体的尺寸，如图8.23（a）所示。

图8.23（b）所示是尺寸标注后的结果。

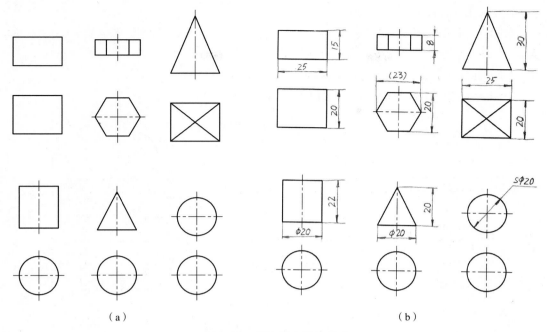

图 8.23 标注基本体的尺寸

8.2.5 组合体的尺寸标注

组合体的形状、结构是由视图来表达的，而各形体的真实大小和相对位置则由图上所标注的尺寸来确定。组合体尺寸标注的基本要求是：正确、完整、清晰。

1. 标注尺寸要完整

组合体的尺寸根据它们的性质不同，可分为定形尺寸、定位尺寸和总体尺寸等3类。

定形尺寸是确定组合体中各形体形状和大小的尺寸。

定位尺寸是确定组合体中各形体之间相对位置的尺寸。每一基本体一般需要标注长、宽、高3个方向上的定位尺寸。

总体尺寸：确定组合体总长、总宽、总高的尺寸。但要注意，当组合体有一端为回转面时，该方向一般不标注总体尺寸。

标注定位尺寸的起点称为尺寸基准。通常选择组合体的对称平面、大的底面、重要端面和大圆柱体轴线作为尺寸基准。

2. 标注尺寸要清晰

（1）尺寸应尽可能标注在反映形体的形状特征最明显的视图上。

（2）尺寸应尽量配置在视图的外面，以避免尺寸线和数字与轮廓线交错重叠。与两个视图有关的尺寸应尽量标注在有关的视图之间。

（3）尺寸尽量不要标注在虚线上。

（4）回转体的直径尺寸一般注在非圆视图上，圆弧半径应注在投影为圆弧的视图上。

（5）同一视图上的平行并列尺寸，应将小尺寸注在里面，大尺寸注在外面。

121

例8.2 标注组合体的尺寸,如图8.24(a)所示。

（1）选择尺寸基准。左右对称面为长度方向基准,底面为高度方向基准,后端面为宽度方向基准。

（2）标注底板的定形尺寸,如图8.24(b)所示。

（3）标注竖立U形板的定形、定位尺寸,如图8.24(c)所示。

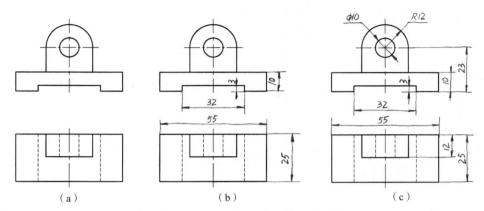

（a）　　　　　　　　（b）　　　　　　　　（c）

图 8.24 标注组合体的尺寸（附视频讲解）

例8.3 标注组合体的尺寸,如图8.25(a)所示。

（1）选择尺寸基准。左右对称面为长度方向基准,底面为高度方向基准,前后对称面为宽度方向基准。

（2）标注半圆筒的定形尺寸,如图8.25(b)所示。

（3）标注直立圆筒的定形尺寸,如图8.25(c)所示。

（4）标注左、右平板的定形、定位尺寸和总体尺寸,如图8.25(d)所示。

8.2.6　剖视图的尺寸标注

除前面已讲过的尺寸标注要做到正确、齐全、清晰的要求外,在剖视图上标注尺寸还应注意以下两点:

（1）在半剖视图或局部剖视图上标注内部尺寸（如直径）时,其一端不能画出箭头的尺寸线应略超过对称线、回转轴线、波浪线（均为图上的分界线）,并只在尺寸线的另一端画出箭头,如图8.26(e)中所注出半剖视图的主视图上的直径尺寸的$\phi18$、$\phi12$尺寸。

（2）机件上同一轴线的回转体,其直径的大小尺寸应尽量配置在非圆的剖视图上,如图8.26(e)中画成半剖视图的主视图上的直径尺寸$\phi30$、$\phi18$、$\phi12$,全剖的左视图上的直径尺寸$\phi12$。

例8.4 标注图8.26(a)中的半剖视图的尺寸。

（1）选择尺寸基准。左、右对称面为长度方向基准,底面为高度方向基准,前后基本对称面（通过圆柱轴线的正平面）为宽度方向基准。

（2）标注底板定形、定位尺寸,如图8.26(b)所示。

（3）标注直立圆筒定形、定位尺寸,如图8.26(c)所示。

（4）标注肋板定形尺寸,如图8.26(d)所示。

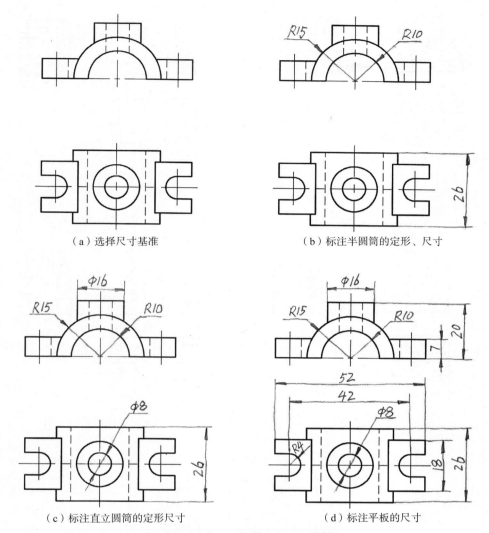

（a）选择尺寸基准　　　　　　　　　　（b）标注半圆筒的定形、尺寸

（c）标注直立圆筒的定形尺寸　　　　　　（d）标注平板的尺寸

图 8.25　标注组合体的尺寸（附视频讲解）

（5）标注前面凸台定形、定位尺寸及总体尺寸，如图8.26（e）所示。

8.2.7　轴测图的尺寸标注

轴测图立体感强、直观性好，能准确地表达形体的表面形状和相对位置、具有良好的度量性，在工程上广泛应用，但其尺寸标注麻烦，许多人标注不规范，根据《机械制图 尺寸注法》（GB/T 4458.4—2003）的规定，在轴测图中标注尺寸，应遵循以下几点：

（1）轴测图上线性尺寸的尺寸线，必须和所标注的线段平行。尺寸界线一般应平行于某一轴测轴。尺寸数字应注写在尺寸线上方或中断处。尺寸数字的方向与尺寸界线的方向一致，尺寸数字与尺寸线、尺寸界线在一个平面内。当标注垂直方向尺寸时，若出现数字字头向下时，用引出线引出标注，并将数字按水平位置注写，如图8.27（b）尺寸15的标注方式。

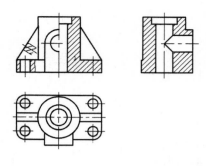

（a）半剖视图

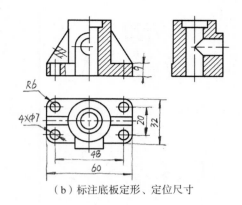

（b）标注底板定形、定位尺寸

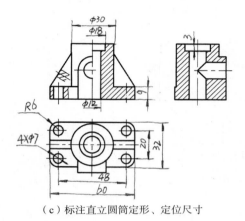

（c）标注直立圆筒定形、定位尺寸

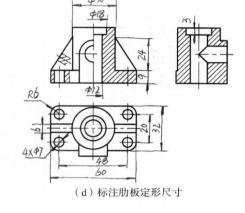

（d）标注肋板定形尺寸

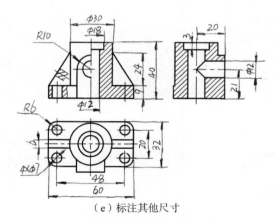

（e）标注其他尺寸

图 8.26　标注半剖视图的尺寸（附视频讲解）

（2）标注圆的直径时，尺寸线和尺寸界线应分别平行于圆所在平面内的轴测轴；标注圆弧半径或较小圆的直径时，尺寸线可从（或通过）圆心引出标注，但注写尺寸数字的横线必须平行于轴测轴。

（3）标注角度时，尺寸线应画成与轴测平面相应的椭圆弧，角度数字应水平注写在尺寸线中断处，字头向上。

例8.5 标注图8.27（a）中长方体正等测的尺寸。

具体标注方法如图8.27（b）所示。

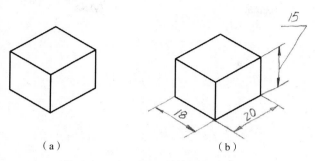

（a）　　　　　　　　　（b）

图 8.27 标注长方体正等测的尺寸

例8.6 标注组合体正等测的尺寸，如图8.28（a）所示。

具体标注方法如图8.28（b）、（c）所示。

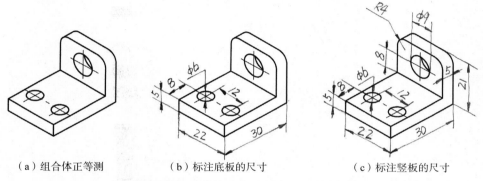

（a）组合体正等测　　　（b）标注底板的尺寸　　　（c）标注竖板的尺寸

图 8.28 标注组合体正等测的尺寸（附视频讲解）

练习题

（1）用手抄写图1所示字体。要求：长仿宋体、7号字。

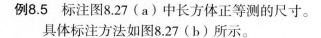

图1

（2）用手抄写图2所示拉丁字母。要求：斜体、5号字。

（3）用手抄写图3所示阿拉伯数字。要求：斜体、5号字。

图 2　手写拉丁字母

图 3　手写阿拉伯数字

第9章
标准件和常用件

9.1 螺 纹

9.1.1 螺纹有关术语

（1）螺纹牙型。在通过螺纹轴线的断面上，螺纹的轮廓形状有三角形、梯形、锯齿形等牙型。

（2）牙顶。牙顶是指在螺纹凸起部分的顶端，连接相邻两个侧面的那部分螺纹表面，如图9.1所示。

（3）牙底。牙底是指在螺纹沟槽的底部，连接相邻两个侧面的那部分螺纹表面，如图9.1所示。

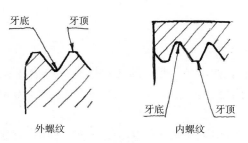

图 9.1 牙顶和牙底

（4）大径。与外螺纹牙顶或内螺纹牙底相重合的假想圆柱的直径。外螺纹大径用d表示，内螺纹大径用D表示，如图9.2所示。

（5）小径。与外螺纹牙底或内螺纹牙顶相重合的假想圆柱的直径。外螺纹小径用d_1表示，内螺纹小径用D_1表示，如图9.2所示。

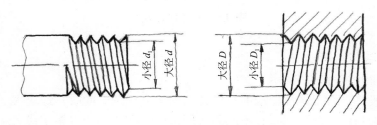

图 9.2 大径和小径

（6）中径。一个假想圆柱的直径，该圆柱的母线通过牙型上凸起和沟槽宽度相等的地方。外螺纹中径用d_2表示，内螺纹中径用D_2表示。

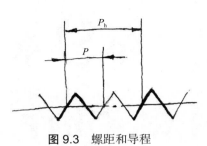

图 9.3　螺距和导程

（7）螺距。相邻两牙在中径线上对应两点间的轴向距离，用P表示，如图9.3所示。

（8）导程。同一条螺旋线上的相邻两牙在中径线上对应两点间的轴向距离称为导程，用P_h表示。单线螺纹的导程等于螺距，即$P_h=P$；多线螺纹的导程等于线数乘以螺距，即$P_h=nP$。如图9.3所示为双线螺纹，粗实线代表一条螺旋线，细实线代表另一条螺旋线。

（9）线数。螺纹有单线和多线之分。当圆柱面上只有一条螺旋线所形成的螺纹称为单线螺纹；有两条或两条以上在轴向等距离分布的螺旋线所形成的螺纹称为多线螺纹。螺纹的线数用n表示，线数又称头数。

（10）旋向。内、外螺纹旋合时的旋转方向称为旋向。螺纹旋向分右旋和左旋两种。顺时针方向旋转时沿轴向旋入的螺纹是右旋螺纹；逆时针方向旋转时沿轴向旋入的螺纹是左旋螺纹。工程上以右旋螺纹应用为多。

9.1.2　螺纹的规定画法

螺纹一般不按真实投影画图，而是按国家标准《机械制图　螺纹及螺纹紧固件表示法》（GB/T 4459.1—1995）中规定的螺纹画法绘制。按此画法画图并加以标注，就能清楚地表示螺纹的类型、规格和尺寸。

1. 外螺纹的画法
外螺纹的画法如图9.4所示。

（1）外螺纹不论其牙型如何，螺纹的牙顶用粗实线表示；牙底用细实线表示，且牙底在螺杆的倒角或倒圆部分也应画出。通常小径按大径的0.85倍画出。螺纹终止线在视图中用粗实线表示。

（2）在投影为圆的视图中，牙顶画粗实线圆（大径圆）；表示牙底的细实线圆（小径圆）只画约3/4圈；此时表示倒角的圆省略不画。

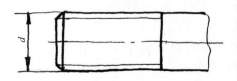

图 9.4　外螺纹的画法

2. 内螺纹的画法
内螺纹的画法如图9.5所示。

（1）一般将平行于螺纹轴线的投影视图画成剖视图。此时，螺纹大径以细实线表示，而且只画到倒角外形线上，不能画入倒角内；螺纹小径以粗实线表示，小径尺寸按大径的0.85倍画出，螺纹终止线以粗实线表示，剖面线画到螺纹小径处。

（2）在投影为圆的视图中，牙顶画粗实线圆（小径圆）；表示牙底的细实线圆（大径圆）只画约3/4圈；此时表示倒角的圆省略不画。

（3）不穿通的螺孔又叫螺纹盲孔，不穿通螺纹孔的加工过程分两步（钻与攻）。

第一步——钻，即先用麻花钻加工不同的光孔，由于钻头尾部结构为圆锥体，会形成120°的圆锥孔，如图9.5所示。

第二步——攻，即再用丝锥扩螺孔。扩螺孔时，丝锥攻下的深度，是螺纹的有效深度，也是螺纹终止线的深度。

通常螺孔深度比钻孔深度要浅，画图时二者深度差取0.5D。

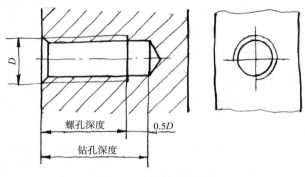

图9.5 内螺纹的画法

3. 内、外螺纹旋合时的画法

如图9.6所示，画内、外螺纹旋合时应注意以下几点：

（1）以剖视图表示内、外螺纹连接时，其旋合部分按外螺纹绘制，其余部分仍按各自的画法表示。

（2）表示大、小径的粗实线和细实线应分别对齐，而与倒角无关。

（3）当剖切平面通过实心螺杆的轴线时，外螺纹按不剖绘制。

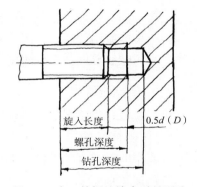

图9.6 内、外螺纹旋合时的画法

（4）在内、外螺纹旋合图中，同一零件在各个剖视图中剖面线的方向和间隔应一致；在同一剖视图中相邻两零件剖面线的方向或间隔应不同。

9.1.3 螺纹的标注

各种螺纹都按同一规定画法表示，为加以区别，应在图上注出国家标准所规定的螺纹标记。

1. 普通螺纹

普通螺纹的完整标记由螺纹代号、螺纹公差带代号、螺纹旋合长度代号和旋向代号四部分组成，四者之间用短横"–"隔开，如图9.7所示。

（1）螺纹代号。粗牙普通螺纹用特征代号"M"和"公称直径"表示。细牙普通螺纹用特征代号"M"和"公称直径×螺距"表示。

图9.7（a）所示为细牙普通螺纹，公称直径16，螺距1.5，其螺纹代号为M16×1.5。

图9.7（b）所示为粗牙普通螺纹，公称直径16，其螺纹代号为M16。

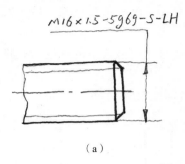
（a）

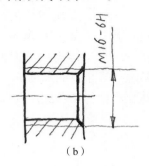
（b）

图 9.7　普通螺纹

（2）螺纹公差带代号。一般要同时标注出中径在前、顶径在后的两项公差带代号。顶径是指外螺纹的大径和内螺纹的小径。若中径和顶径的公差带代号相同，则只标注一个。

公差带代号由表示公差等级的数字和表示基本偏差的字母组成。内螺纹的基本偏差用大写字母，外螺纹用小写字母。如M16×1.5-5g6g，5g是中径的公差带代号，6g是顶径（大径）的公差带代号。M16-6H的螺纹中径和顶径的公差带代号相同。

（3）螺纹旋合长度代号。两个互相配合的螺纹，沿其轴线方向相互旋合部分的长度，称为旋合长度。螺纹旋合长度分为短、中、长三组，分别用代号S、N和L表示，中等旋合长度应用较广泛，因此N可省略不注。

（4）螺纹旋向。左旋时要标注"LH"，右旋时不标注。

2. 管螺纹

管螺纹分为用螺纹密封管螺纹和非螺纹密封管螺纹。

1）密封管螺纹

连接的形式有圆锥内螺纹与圆锥外螺纹连接；圆柱内螺纹与圆锥外螺纹连接。

标记方式如下：

　　　　螺纹特征代号　尺寸代号 – 旋向代号

螺纹特征代号如下：

　　　R_c——圆锥内螺纹

　　　R_p——圆柱内螺纹

　　　R_1——与圆柱内螺纹相配合的圆锥外螺纹

　　　R_2——与圆锥内螺纹相配合的圆锥外螺纹

例如，$R_2$1/2–LH表示与圆锥内螺纹相配合的圆锥外螺纹，左旋，尺寸代号为1/2。

2）非密封管螺纹

标记方式如下：

　　　　特征代号　尺寸代号　公差等级代号 — 旋向代号

非螺纹密封的管螺纹的特征代号为"G"。

外螺纹公差等级分为A级和B级两种，标注在尺寸代号之后；内螺纹公差等级只有一种，所以省略不注。

因为管螺纹的尺寸代号不是螺纹的公称直径，而是接近管子的孔径尺寸，因此管螺纹的标记不能像普通螺纹一样标注，而是一律注在引出线上，引出线从大径处引出或由对称中心线引出，如图9.8所示。

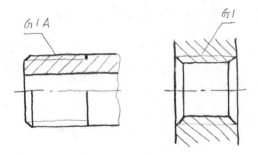

图 9.8 管螺纹的标记

9.2 螺纹紧固件

1. 螺纹紧固件的标记及简化画法

常见螺纹紧固件有螺栓、螺柱、螺钉、螺母和垫圈等，其结构形式和尺寸都已标准化，称为标准件。

图9.9所示是常用紧固件的简化画法及标记。

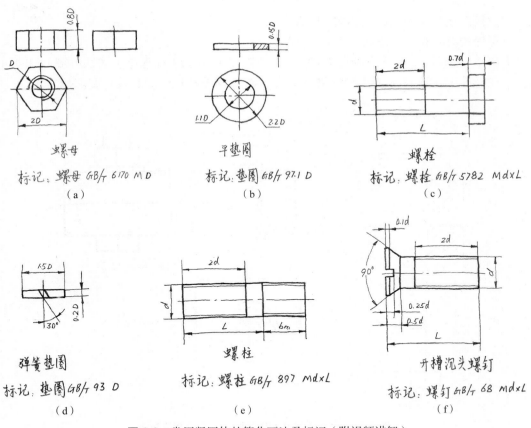

图 9.9 常用紧固体的简化画法及标记（附视频讲解）

2. 螺纹紧固件连接装配图的画法

1）螺栓连接

螺栓连接所用的螺纹紧固件有螺栓、螺母和垫圈。常用于两被连接件都不太厚，能制出通孔的情况。被连接件上的通孔直径比螺栓直径大，一般可按1.1d画出。

螺栓连接轴测图如图9.10所示。

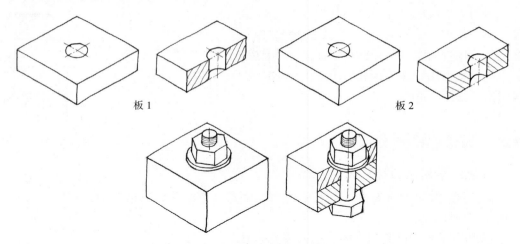

板 1   板 2

图 9.10 螺栓连接轴测图

螺栓连接装配图的画法如图9.11所示。

螺栓的有效长度按下式计算：

$L=t_1$（上板厚）$+t_2$（下板厚）$+0.15d$（垫圈厚）$+0.8d$（螺母厚）$+0.3d$（螺栓出头）

在标准中，选取与L接近的标准长度值，即为螺栓标记中的有效长度。

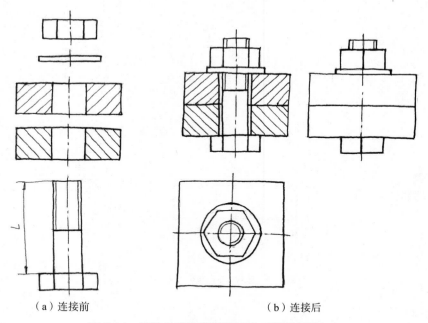

（a）连接前   （b）连接后

图 9.11 螺栓连接装配图的画法（附视频讲解）

2）螺柱连接

螺柱连接所用的螺纹紧固件有螺柱、螺母和垫圈。常用于一个被连接件较厚，不便于或不允许打通孔的情况。拆卸时，只需拆下螺母等零件，而不需拆下螺柱，所以，这种连接多次装拆不会损坏被连接件。

螺柱连接装配图的简化画法如图9.12所示。

旋入深度b_m值与被旋入件的材料有关，被旋入件的材料为钢时，$b_m=d$；为铸铁时，$b_m=1.25d$或$1.5d$；为铝时，$b_m=2d$。

螺柱的有效长度按下式计算：

$L=t_1$（上板厚）$+0.2d$（弹簧垫圈厚）$+0.8d$（螺母厚）$+0.3d$（螺柱出头）

在标准中，选取与L接近的标准长度值，即为螺柱标记中的有效长度。

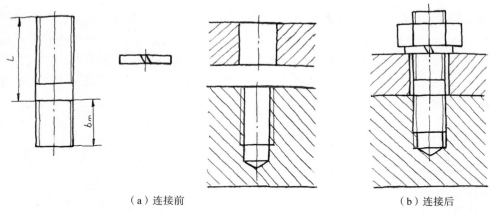

（a）连接前　　　　　　　　　　　　　　　（b）连接后

图 9.12　螺柱连接装配图的简化画法

3）螺钉连接

螺钉连接用于受力不大的情况。螺钉根据其头部的形状不同而有多种形式，图9.13所示为开槽沉头螺钉连接装配图的画法。

螺钉的有效长度按下式计算：

$L=t_1$（上板厚）$+b_m$（旋入深度）

在标准中，选取与L接近的标准长度值，即为螺柱标记中的有效长度。

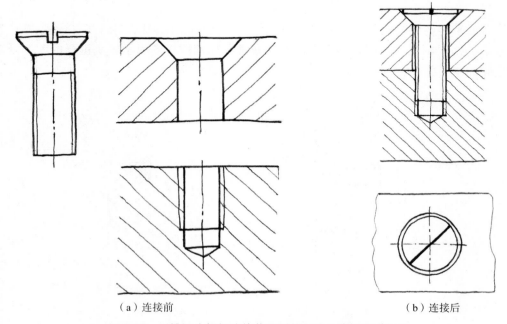

（a）连接前　　　　　　　　　　　　　　　（b）连接后

图 9.13　开槽沉头螺钉连接装配图的画法（附视频讲解）

9.3 键和键连接

　　键是标准件。键连接是将键同时嵌入轴与轮毂的键槽中，将轴及轴上的转动零件，如齿轮、皮带轮、联轴器等连接在一起，以传递扭矩。

　　根据键的结构形式，键连接可分为平键连接、半圆键连接、楔键连接和切向键连接等几类。

　　轮毂上的键槽常用插刀加工，轴上的键槽常用铣刀铣削而成。轴及轮毂上键槽画法和尺寸注法，如图9.14所示。轴上键槽常用局部剖视图表示，并画出断面图表达键槽深度和宽度，如图9.14（a）所示。轮上键槽常用局部视图表达键槽深度和宽度，如图9.14（b）所示。键的尺寸如图9.14（c）所示。图中b，t，t_1，h可按轴（孔）的直径从标准中查出，键及键槽的长度L由设计确定。

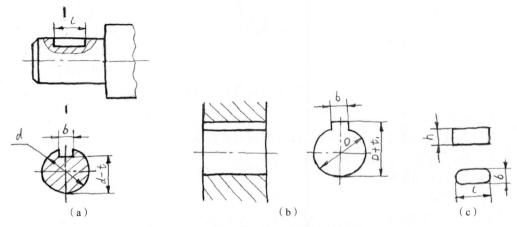

图 9.14　轴及轮毂上键槽画法和尺寸注法

　　普通平键连接装配图的画法如图9.15所示。当沿着键的纵向剖切时，按不剖画；当沿着键的横向剖切时，则要画上剖面线。通常用局部剖视图表示轴上键槽的深度及零件之间的连接关系。

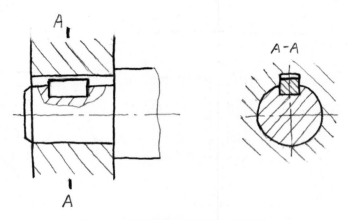

图 9.15　普通平键连接装配图的画法

9.4 销连接

销是标准件，常用的销有圆柱销、圆锥销和开口销等。圆柱销和圆锥销通常用于零件间的连接和定位，而开口销用来防止开槽螺母松动或固定其他零件。销连接的画法如图9.16所示。

画销连接图时，当剖切面通过销的轴线时，销按不剖处理。

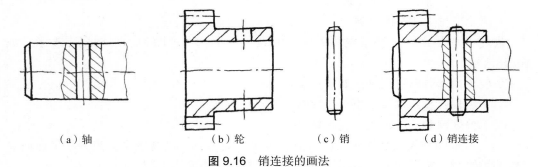

（a）轴　　　　　　（b）轮　　　　（c）销　　　　（d）销连接

图 9.16 销连接的画法

9.5 滚动轴承

滚动轴承的结构大体相同，一般由外圈、内圈、滚动体和保持架组成，滚动轴承是标准部件。通常外圈装在机座的孔内，内圈套在轴上，在大多数情况下是外圈固定不动而内圈随轴转动。滚动轴承的类型很多，常用的主要有：深沟球轴承、圆锥滚子轴承、推力球轴承。

根据滚动轴承的代号查国家标准，可以得到轴承的外形尺寸。

滚动轴承有简化画法和规定画法。简化画法又有通用画法和特征画法两种，常用的是通用画法和规定画法。

通用画法如图9.17（a）所示，深沟球轴承的规定画法如图9.17（b）所示。

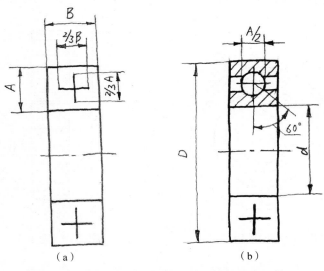

（a）　　　　　　　（b）

图 9.17 滚动轴承的通用画法和深沟球轴承的规定画法

9.6　齿　轮

齿轮是机械传动中应用广泛且非常重要的零件，通过齿轮轮齿啮合的传动，可使机器上一根轴带动另一根轴转动，从而达到传递动力、改变运动速度和方向的目的。常见的齿轮种类有圆柱齿轮、圆锥齿轮和蜗轮、蜗杆等。圆柱齿轮的轮齿又可分为直齿、斜齿、人字齿等。这里主要介绍直齿圆柱齿轮的画法。

1. 单个齿轮的规定画法

齿轮一般是用两个基本视图表示，或者用一个基本视图和一个剖视图表示，如图9.18所示。

齿轮轮齿部分的规定画法如下：

（1）齿顶圆和齿顶线用粗实线绘制。

（2）分度圆和分度圆线用点画线绘制。

（3）齿根圆和齿根线用细实线绘制，也可省略不画。剖视图中，当剖切平面通过齿轮的轴线时，轮齿部分按不剖处理，这时齿根线用粗实线绘制。

2. 两个齿轮啮合的画法

两齿轮啮合时，除啮合区外，其余部分均按单个齿轮绘制，如图9.19所示。啮合区的画法如下。

（1）在投影为圆的视图上，两节圆应相切，齿顶圆均用粗实线绘制；在啮合区的齿顶圆也可不画，齿根圆可全部不画。

（2）在投影为非圆的视图上，啮合区的齿顶线不需画出，节线用粗实线绘制，齿根线均不画出，如图9.19（a）所示。

（3）画剖视图时，当剖切面通过两齿轮的轴线时，啮合区内，一个齿轮的齿顶用粗实线绘制，另一个齿轮的齿顶用虚线绘制，或省略不画，两齿轮的齿根线用粗实线绘制，但节线必须用细点画线绘出。在剖视图中，当剖切面不通过啮合齿轮的轴线时，齿轮一律按不剖处理，如图9.19（b）所示。

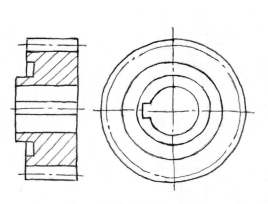

图 9.18　单个齿轮的画法

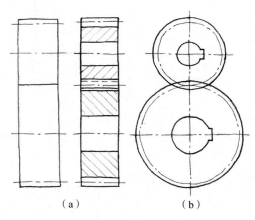

（a）　　　　　（b）

图 9.19　两个齿轮啮合的画法

第**10**章

零件图

零件是组成机器的不可拆分的最小单元。表示零件的形状结构、大小和技术要求的图样称为零件图。设计机器时，需要对每一种零件进行设计，对非标准零件要绘制出其零件图；制造机器时，先根据零件图加工出零件再装配成部件或机器。因此零件图是表达设计思想，加工和检验零件的依据，是指导生产的主要技术文件之一。

10.1 零件图的作用与内容

图10.1是填料压盖的零件图。一张完整的零件图一般包括以下4方面的内容。

（1）一组视图。用一组视图、剖视图、断面图、局部放大图等画法，完整、清晰

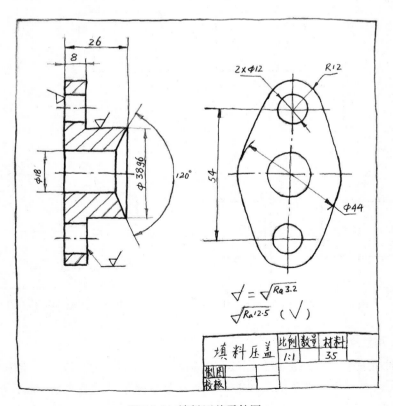

图 10.1 填料压盖零件图

地表达零件各部分的结构、形状和位置。

（2）完整的尺寸。零件图应正确、完整、清晰、合理地标注出制造零件所需要的全部尺寸。

（3）技术要求。用规定的符号、代号、数字和文字说明零件在制造和检验过程中应达到的技术要求。例如表面结构、尺寸公差、几何公差和热处理要求等。

（4）标题栏。说明零件的名称、数量、材料、绘图比例、图号等要素以及设计、制图、校核人员的签名和日期等。

10.2 零件上常见的结构

10.2.1 机加工结构

1. 倒角和倒圆

在轴或孔的端面处，通常都要加工成倒角。因为在零件的加工工程中，由于加工速度、刀具的锋利程度等因素的影响，在零件的端面处极易产生毛刺和锐边，在端部加工成倒角能够有效去除零件的毛刺、锐边，如图10.2所示。除此之外，在端面处加工成倒角，在装配时还能够起到导向的作用，方便零件的装配，如图10.3所示。

为了避免由于结构的突然变化而产生应力集中，在轴肩处通常要加工成圆角的形式，如图10.4所示。

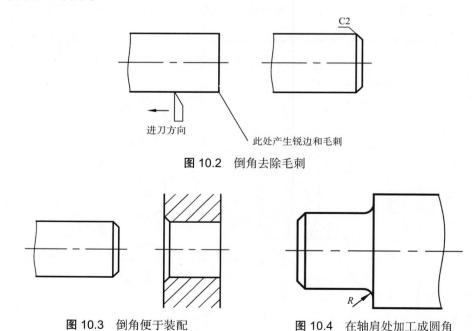

图 10.2 倒角去除毛刺

图 10.3 倒角便于装配   图 10.4 在轴肩处加工成圆角

2. 退刀槽和越程槽

在切削加工中，特别是在车螺纹和磨削时，为了便于退出刀具或使砂轮可以稍稍越过加工面，通常在零件待加工面的末端，先车出螺纹退刀槽或砂轮越程槽，如图10.5和图10.6所示。

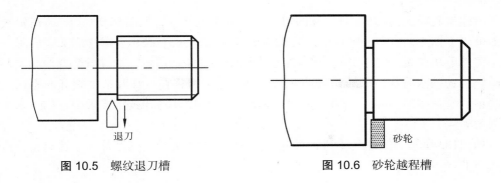

图 10.5　螺纹退刀槽　　　　　　图 10.6　砂轮越程槽

3. 凸台、凹坑和凹腔等结构

为了减少加工面积，并保证零件表面之间接触，通常在铸件上设计出凸台、凹坑、凹槽或凹腔，如图10.7所示。

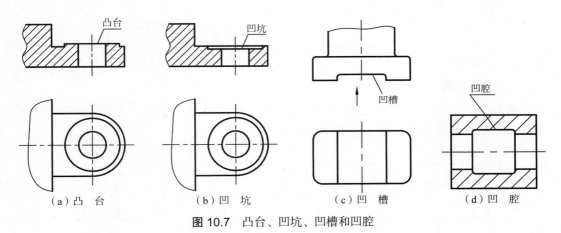

（a）凸　台　　　（b）凹　坑　　　（c）凹　槽　　　（d）凹　腔

图 10.7　凸台、凹坑、凹槽和凹腔

4. 沉　孔

为了使用螺纹连接件连接零件，零件上常常设计出沉孔，有柱形沉孔、锪平孔和埋头孔（锥形沉孔），如图10.8所示。

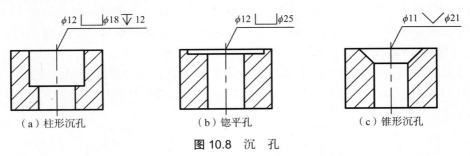

（a）柱形沉孔　　　（b）锪平孔　　　（c）锥形沉孔

图 10.8　沉　孔

10.2.2　铸件上的工艺结构

1. 铸造斜度和铸造圆角

用铸造方法制造的零件称为铸件。制造铸件毛坯时，为了便于在型砂中取出模型，一般沿模型起模方向做成约1：20的斜度，叫做铸造斜度，见图10.9（a）。铸造斜度在图上可以不标注，也不一定画出，见图10.9（b），必要时在技术要求中用文字说明。

铸件毛坯在表面的相交处，都有铸造圆角，如图10.9所示。这样既能方便起模，又能防止浇铸铁水时将砂型转角处冲坏，还可以避免铸件在冷却时产生裂缝或缩孔。铸造圆角的半径在2～5mm，在图上一般不标注，常集中注写在技术要求中，如"未注铸造圆角R2～3"。

如图10.9所示，铸件毛坯的底面为安装底面，它需要经过切削加工。这时，铸造圆角被削平。

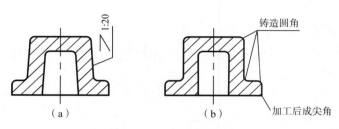

图 10.9　铸造斜度和铸造圆角

2. 铸造壁厚

在浇铸零件时，为了避免各部分因冷却速度的不同而产生缩孔或裂缝，铸件壁厚应保持大致相等或逐渐过渡，如图10.10所示。

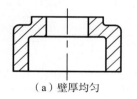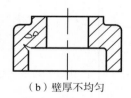

（a）壁厚均匀　　　　　　　（b）壁厚不均匀　　　　　　（c）逐渐过渡

图 10.10　铸件壁厚

3. 过渡线

由于有铸造圆角，铸件各表面的交线理论上不存在，但在画图时，这些交线用细实线按无圆角时的情况画出，只是交线的起讫处与圆角的轮廓线断开（画至理论尖点处），这样的线称为过渡线，用细实线表示。

（1）曲面相交的过渡线，不应与圆角轮廓线接触，而是要画到理论交点处为止，如图10.11（a）所示；两曲面相切时，过渡线在切点处应断开，如图10.11（b）所示。

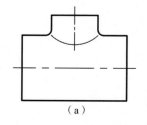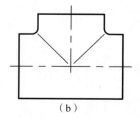

（a）　　　　　　　　　　　　　　（b）

图 10.11　过渡线（一）

（2）平面与平面或平面与曲面相交的过渡线，应在转角处断开，并加画小圆弧，其弯向应与铸造圆角的弯向一致，如图10.12所示。

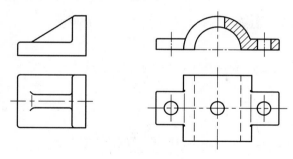

图 10.12 过渡线（二）

（3）肋板与圆柱面相交的过渡线，其形状取决于肋板的断面形状及相切或相交的关系，如图10.13所示。

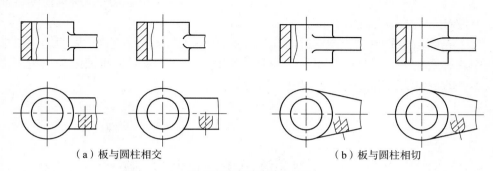

（a）板与圆柱相交　　　　　（b）板与圆柱相切

图 10.13 过渡线（三）

10.3 零件图上的技术要求

10.3.1 表面结构

表面结构是一种微观几何形状误差。它是指在机械加工中，由于切削刀痕、表面撕裂、振动和摩擦等原因在被加工表面上产生的间距较小的高低不平的几何形状。零件的表面结构直接影响其配合性质、疲劳强度、耐磨性、抗腐蚀性和密封性等，因此，表面结构是评定机器零件和产品质量的重要指标。

1. 表面结构的评定参数

表面结构的评定参数主要有轮廓的算术平均偏差Ra和轮廓的最大高度Rz，其中最常用的是Ra。国家标准GB/T 1031—2009对轮廓的算术平均偏差Ra规定了14个系列值：0.012 μm、0.025 μm、0.05 μm、0.1 μm、0.2 μm、0.4 μm、0.8 μm、1.6 μm、3.2 μm、6.3 μm、12.5 μm、25 μm、50 μm、100 μm。

2. 表面结构的符号

基本图形符号：。

扩展图形符号：在基本图形符号上加一短横，表示表面用去除材料的方法获得，如车、铣、钻、磨、剪切、抛光、腐蚀、电火花加工、气割等；在基本图形符号上加一个圆，表示表面用不去除材料的方法获得，如铸、锻、冲压变形、热轧、冷轧、粉末冶金等。

完整图形符号：在扩展符号的长边上均可加一横线，用于标注表面结构的各种要求。

3. 表面结构的代号

表面结构符号中注写了具体参数代号及其参数值等要求后，称为表面结构代号。例如 Ra 32。

4. 表面结构要求在图样中的标注方法

（1）表面结构要求对每一表面一般只标注一次。除非另有说明，所标注的表面结构要求是对完工零件表面的要求。

（2）表面结构的注写和读取方向与尺寸的注写和读取方向一致。表面结构要求可标注在轮廓线上，其符号应从材料外指向并接触表面。必要时，表面结构也可用带箭头或黑点的指引线引出标注，如图10.14所示。

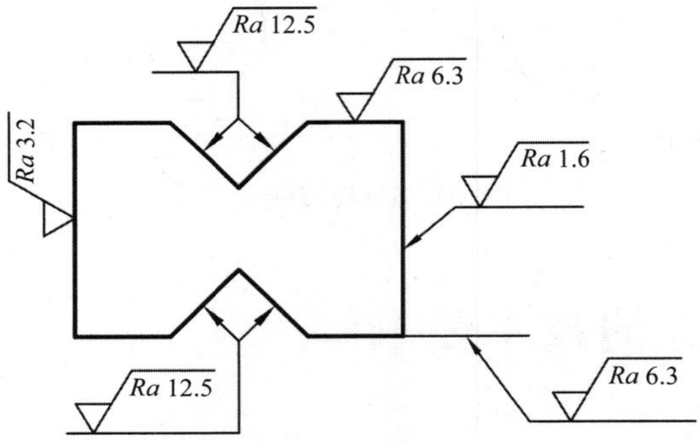

图 10.14　表面结构标注（一）

（3）在不致引起误解时，表面结构要求可以标注在给定的尺寸线上，如图10.15所示。

（4）表面结构要求可以标注在零件表面的延长线上。还可以标注在尺寸界线或其延长线上，但需注意图形符号仍应保持从材料外指向材料表面，如图10.16所示。

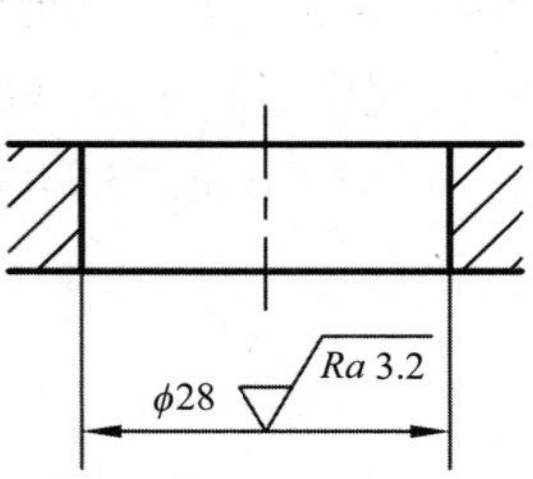

图 10.15　表面结构标注（二）

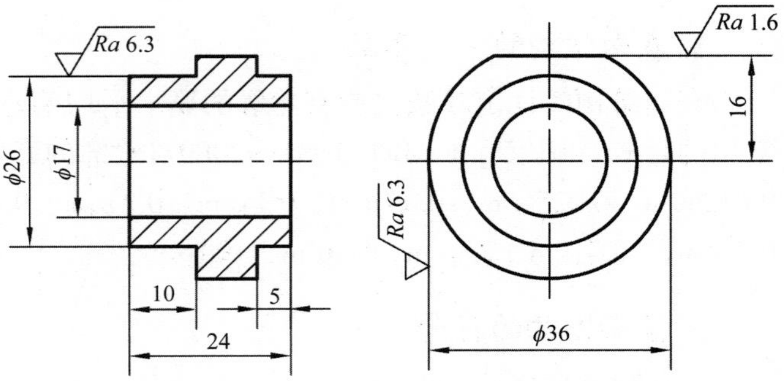

图 10.16　表面结构标注（三）

（5）有相同表面结构要求的简化注法。当零件的多数表面有相同的表面结构要求时，可在标题栏附近统一标注。其注法有以下两种：

①在圆括号内给出无任何其他标注的基本符号，以表示图上已标注的内容。

②在圆括号内给出图中已标注的几个不同的表面结构要求，如图10.17所示。

这两种注法代替了长期以来由旧标准规定的"其余"的注法。

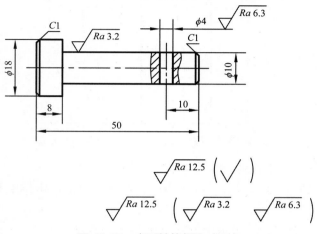

图 10.17　表面结构标注（四）

10.3.2　极限与配合

由于设备、工装夹具及测量误差等因素的影响，零件不可能制造得绝对准确。为了保证零件的互换性，就必须对零件的尺寸规定一个允许的变动范围，这个变动范围就是通常所说的尺寸公差。

1. 术语简介

（1）公称尺寸。由图样规范确定的理想形状要素的尺寸称为公称尺寸。

在机械设计时，通常根据强度、刚度、外观或机械结构等方面的要求给定公称尺寸。如图10.18所示，衬套外径的公称尺寸是ϕ25，内径的公称尺寸是ϕ16。

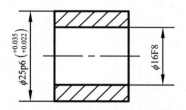

图 10.18　衬套外径的公称尺寸（ϕ25）和内径的公称尺寸

（2）极限尺寸。尺寸要素允许的尺寸的两个极端。

上极限尺寸：尺寸要素允许的最大尺寸。如衬套外径的上极限尺寸是ϕ25.035，内径的上极限尺寸是ϕ16.043。

下极限尺寸：尺寸要素允许的最小尺寸。如衬套外径的下极限尺寸是ϕ25.022，内径的下极限尺寸是ϕ16.016。

合格的孔或轴的尺寸应在上极限尺寸和下极限尺寸所限定的范围内。

（3）零线。在极限与配合图解中表示公称尺寸的一条直线，以其为基准确定偏差和公差，如图10.19所示。

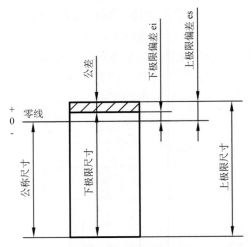

图 10.19　公称尺寸、极限尺寸、零线和公差

（4）偏差。某一尺寸减其公称尺寸所得的代数差。

极限偏差：极限尺寸减公称尺寸所得的代数差，有上极限偏差和下极限偏差，如图10.19所示。

上极限尺寸—公称尺寸=上极限偏差（孔为ES，轴为es）

下极限尺寸—公称尺寸=下极限偏差（孔为EI，轴为ei）

上、下极限偏差可以是正值、负值或"零"。在图10.18中，衬套外径的上极限偏差是+0.035，下极限偏差是+0.022。

基本偏差：确定公差带相对零线位置的那个极限偏差，一般是靠近零线的那个偏差，如图10.19所示的下极限偏差为基本偏差。

（5）尺寸公差。允许尺寸的变动量。

上极限尺寸—下极限尺寸=公差

上极限偏差—下极限偏差=公差

尺寸公差是一个没有符号的绝对值。

公差带：在代表上极限尺寸和下极限尺寸的两条直线之间的一个区域，也是尺寸公差所表示的那个区域。

为了直观，常用图形来表示公差带，如图10.20所示，这样的图形称为公差带图。因为公差值远小于公称尺寸，在图上不便用同一比例表示，所以在公差带图中不必画出孔和轴的全形，只需用图中公差带的高度和相互位置表示公差大小和配合性质。公差带沿零线方向的长度（矩形的长度）可适当选取。

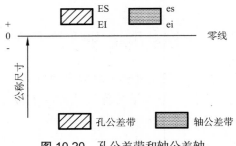

图 10.20　孔公差带和轴公差轴

（6）配合。配合是指公称尺寸相同并且相互结合的孔与轴公差带之间的关系。它反映了相互结合零件间的松紧程度，有间隙配合、过盈配合和过渡配合三种情况。

间隙配合：孔的公差带在轴的公差带之上，即孔大轴小。孔、轴之间产生间隙，可相对运动，如图10.21所示。

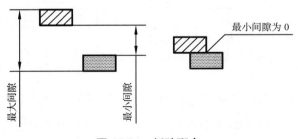

图 10.21　间隙配合

过盈配合：孔的公差带在轴的公差带之下，即孔小轴大，孔、轴之间产生过盈，需在外力作用下孔与轴才能结合，如图10.22所示。

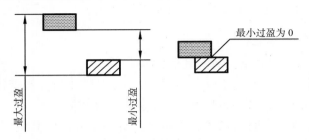

图 10.22　过盈配合

过渡配合：孔的公差带与轴的公差带相互交叠，孔、轴结合时既可能产生微量间隙，也可能产生微量过盈，如图10.23所示。

（7）配合制。有两种，即基孔制和基轴制。

基孔制配合：基本偏差为一定的孔公差带，与不同基本偏差的轴公差带所形成的各种配合的制度。基孔制的孔为基准孔，下极限偏差为0，其基本偏差代号为H。与基准孔配合的轴可以根据基本偏差的不同，形成间隙配合、过渡配合和过盈配合三类配合，如图10.24所示。

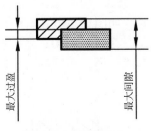

图 10.23　过渡配合

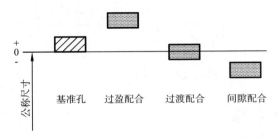

图 10.24　基孔制配合：间隙配合、过渡配合和过盈配合

基轴制配合：基本偏差为一定的轴公差带，与不同基本偏差的孔公差带所形成的各种配合的一种制度。基轴制的轴为基准轴，上极限偏差为0，其基本偏差代号为h。与基准轴配合的孔也可根据基本偏差的不同，形成间隙配合、过渡配合和过盈配合三类配合，如图10.25所示。

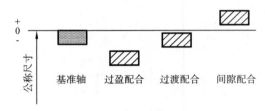

图 10.25　基轴制配合：间隙配合、过渡配合和过盈配合

（8）公差带代号。由表示基本偏差代号的拉丁字母和表示标准公差等级的阿拉伯数字组合而成，大写字母表示孔的基本偏差，小写字母表示轴的基本偏差，如图10.26所示的"H7""F8""h7"和"p7"。

（9）配合代号。由孔轴的公差带代号以分数形式（分子为孔，分母为轴）组成配合代号，如图10.26所示的"H7/p7"和"F8/h7"。

2. 极限与配合的标注

在零件图中，尺寸公差有三种标注形式。

（1）大批量生产时，尺寸公差可采用标注公称尺寸和公差带代号的形式，例如图10.26（b）所示φ25H7，公差带代号字高与公称尺寸相同。

（2）单件小批量生产时，尺寸公差可采用标注公称尺寸和极限偏差数值的形式，如图10.26（c）所示。

（3）中批量生产时，尺寸公差可采用同时标注公差带代号和上、下极限偏差的形式，如图10.26（d）所示。

在装配图中，主要标注公称尺寸和配合代号，即在相同的公称尺寸右边以分式的形式注出孔和轴的公差带代号，如图10.26（a）所示。

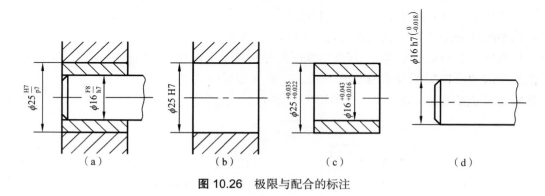

图 10.26　极限与配合的标注

10.3.3　几何公差要求

机械零件不仅存在尺寸误差，还存在形状和位置误差，称为几何误差。几何误差是机械零件上的一项重要指标，不但影响机械零件的使用功能，而且可能影响使用寿

命。因此，需用几何公差控制机械零件的几何误差，使其满足使用要求。

1. 公差框格

几何公差应标注在矩形框格内，如图10.27所示。

矩形框格由两格或多格组成，框格自左向右填写，填写内容如图10.28所示。

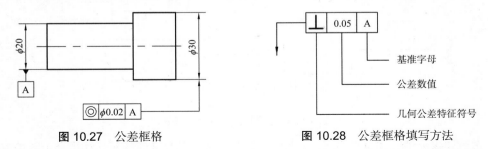

图 10.27　公差框格　　　　　　　图 10.28　公差框格填写方法

2. 几何公差的几何特征符号

几何公差共14个项目，分为形状公差和位置公差，其中位置公差又分为定向公差、定位公差和跳动公差。形状公差是对单一要素提出要求，因此无基准要求。位置公差是对关联要素提出要求，因此有基准要求。线轮廓度和面轮廓度项目既可以有基准，也可以无基准，有基准时为位置公差，无基准时为形状公差。几何公差项目及其代号如表10.1所示。

表 10.1　几何公差项目及其代号

公　　　差		特征项目	符　　号	有或无基准要素
形状公差	形　状	直线度	—	无
		平面度	▱	无
		圆　度	○	无
		圆柱度	⌭	无
形状或位置公差	轮　廓	线轮廓度	⌒	有或无
		面轮廓度	⌓	有或无
位置公差	定　向	平行度	//	有
		垂直度	⊥	有
		倾斜度	∠	有
	定　位	位置度	⊕	有或无
		同轴度	◎	有
		对称度	⹀	有
	跳　动	圆跳动	↗	有
		全跳动	⌰	有

3. 被测要素

用带箭头的指引线将公差框格与被测要素相连。被测要素为轮廓线或表面时，将箭头指到要素的轮廓线表面或它们的延长线上，指引线箭头应与尺寸线的箭头明显错开，如图10.29所示。

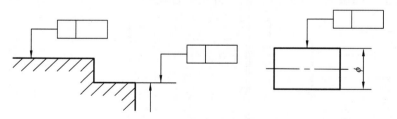

图 10.29　被测要素的标注方法

被测要素为轴线或中心平面时，带箭头的指引线应与尺寸线的延长线重合（图10.30）。

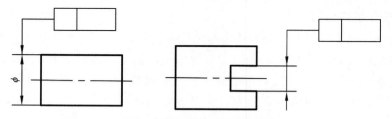

图 10.30　被测要素为轴线或中心平面时的标注方法

4. 基准要素

相对于被测要素的基准要素，由基准字母表示，字母标注在基准框格内，用一条细实线与一个涂黑或空白的三角形相连，形成基准符号，如图10.31所示。

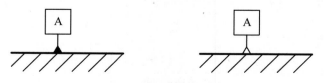

图 10.31　基准符号

当基准要素为轮廓线或轮廓面时，基准符号标注在要素的轮廓线表面或它们的延长线上。基准符号与尺寸线明显错开，如图10.32所示。

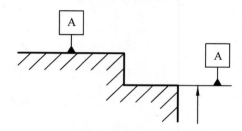

图 10.32　基准符号与尺寸线明显错开

当基准要素是尺寸要素确定的轴线、中心平面或中心线时，基准符号应对准尺寸线，也可由基准符号代替相应的一个箭头，如图10.33所示。

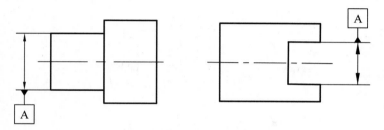

图 10.33 基准符号应对准尺寸线

10.4 绘制零件图草图

10.4.1 零件图视图数量的选择

1. 需要一个基本视图的零件

图10.34所示的顶尖、套，它们由同轴回转体组成，注上尺寸，一个视图即可表达清楚。图10.34（c）所示的垫片由于厚度相同，加上表示厚度的注释t_1后，一个视图也可以表示。图10.37从动轴就属于这类轴套类零件。

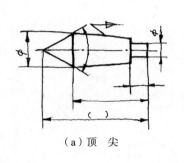

（a）顶 尖

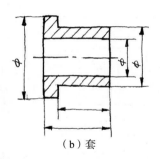

（b）套

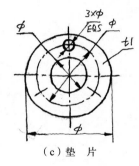

（c）垫 片

图 10.34 需要一个视图来表达

2. 需要两个基本视图的零件

图10.35所示的带轮、三通，这类零件一般需要两个基本视图才能表达清楚，主视图表达内部结构，左视图或右视图表达外部形状。图10.1所示的压盖和图10.40所示的端盖，就是这类轮盘类零件。

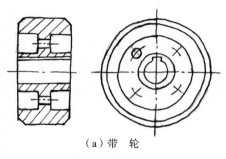

（a）带 轮

图 10.35 需要两个视图

149

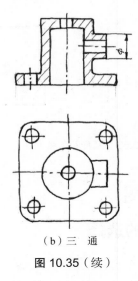

（b）三　通

图 10.35（续）

3. 需要三个基本视图的零件

图10.36所示的弯板、支架需要三个基本视图。通常叉架类、箱体类零件需要三个视图。

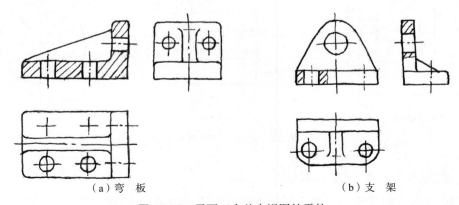

（a）弯　板　　　　　　　　　　　　　　（b）支　架

图 10.36　需要三个基本视图的零件

10.4.2　绘制从动轴和端盖零件草图

1. 从动轴零件

从动轴零件，如图10.37所示。

轴套类零件主要在车床上加工，将轴线水平安放按加工位置来画主视图，用断面图、局部视图和局部放大图等补充表达局部结构形状（如键槽、退刀槽、孔等）。

图10.38是绘制轴零件图的过程。

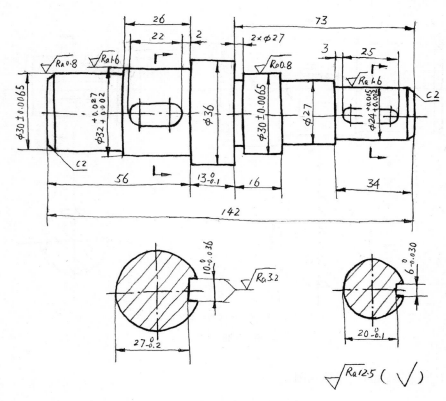

图 10.37 从动轴

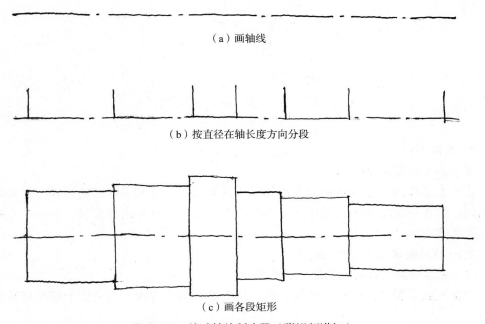

（a）画轴线

（b）按直径在轴长度方向分段

（c）画各段矩形

图 10.38 从动轴绘制步骤（附视频讲解）

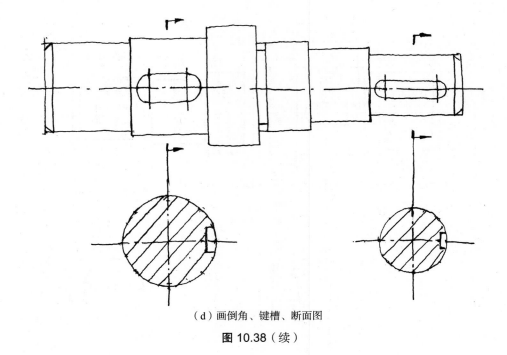

（d）画倒角、键槽、断面图

图 10.38（续）

图10.39是该轴的正等轴测图。

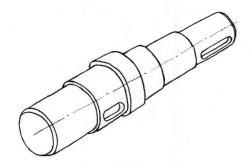

图 10.39 从动轴的正等轴测图

2. 端盖零件

端盖零件如图10.40所示。

轮盘类零件的主要回转面和端面都在车床上加工，故其主视图的选择与轴套类零件相同，即也按加工位置将其轴线水平安放画主视图，反映内部形状，再画出左视图反映外部结构。

图10.41是画端盖零件图的过程。

（1）画端盖的"包容长方体"的两视图。

（2）先画左视图的矩形、圆等，然后按高平齐画主视图，主视图上部是旋转剖画出的。

（3）描深。

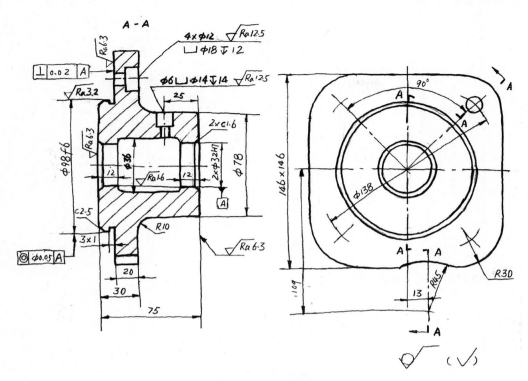

图 10.40 端 盖

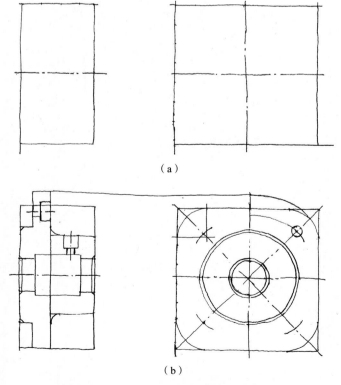

（a）

（b）

图 10.41 画端盖零件图的步骤（附视频讲解）

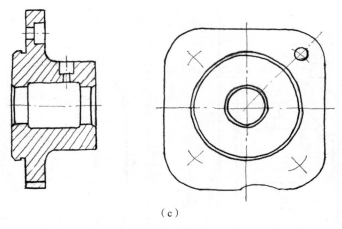

（c）

图 10.41（续）

图10.42是该端盖的剖视正等测。

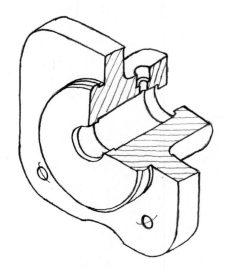

图 10.42　端盖的剖视正等测

第 11 章

装配图草图

11.1 装配图的作用和内容

11.1.1 装配图的作用

表达机器或部件的图样称为装配图，装配图能反映出设计者的意图、表达机器或部件的工作原理、性能要求、零件间的装配关系和零件的主要结构，以及在装配、检验、安装时所需尺寸数据和技术要求，是生产中的重要技术文件。在零件设计、机器装配、调整、检验、使用和维修时都需要装配图。

11.1.2 装配图的内容

1. 一组视图

用恰当的方法正确、完整、清晰、简便地表达机器或部件的工作原理、传动线路、零件间的相对位置、装配关系、连接方式及主要零件的结构形状等。

如图11.1所示的球阀装配图，主视图采用全剖视图，左视图采用半剖视图，用来表达球阀的装配关系和部件的外形。

2. 必要的尺寸

在装配图上不需要像零件图那样标注出零件的所有尺寸，只需标注出机器或部件性能（规格）尺寸、配合尺寸、安装尺寸、检验尺寸和拆画零件图所必需的尺寸等。

（1）性能（规格）尺寸。性能（规格）尺寸是表示机器或部件的性能或规格的尺寸。这类尺寸是设计时确定的，也是了解和使用该机器或部件的主要依据。如图11.1所示球阀装配图中的$\phi25$。

（2）配合尺寸。配合尺寸是确定两零件配合性质的尺寸，一般要标注出尺寸和配合代号。如图11.1所示球阀装配图中的阀杆与阀体的配合尺寸$\phi20H7/g6$。

（3）安装尺寸。安装尺寸是机器或部件安装在地基上或与其他机器或部件相连接时所需要的尺寸。如图11.1所示球阀装配图中的$Rc1$。

（4）外形尺寸。外形尺寸是机器或部件的总长、总宽、总高，即机器或部件外形轮廓尺寸，是机器或部件包装、运输以及厂房设计和安装机器时需要考虑的外形尺寸。如图11.1所示球阀装配图上的总长120。

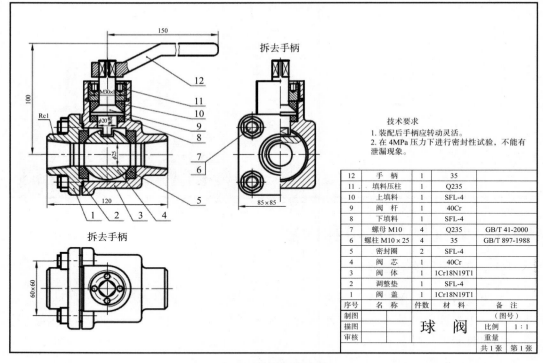

图 11.1　球阀装配图

3. 技术要求

用文字或符号说明机器或部件在装配、调整、检验、使用等方面的要求。

4. 零部件序号、明细栏和标题栏

装配图中的零部件序号和明细栏用于说明每种零件的名称、代号、数量和材料等。标题栏包括机器或部件的名称、比例、绘图和设计人员的签名等。标题栏和明细栏的格式虽然在国家标准中有统一规定，但企业也可根据产品自行确定适合本企业的标题栏。

如图11.1所示，在装配图上编写零件序号时，应在被编号的零件或部件可见轮廓线内画一小圆点，用细实线画出指引线引出图外，在指引线的端部用细实线画一水平线或圆圈，在水平线上或圆圈内填写零件的序号。为使图形清晰，指引线不宜穿过太多图形，指引线通过剖面线区域时，不应与剖面线平行，指引线之间也不能相交，必要时指引线可画成折线，但只能折一次。序号在图上应按水平或垂直方向均匀排列整齐，并按照顺时针或逆时针方向顺序排列。

11.2　装配图一些规定画法和简化画法

（1）相邻两个零件的接触面和配合面之间，规定只画一条线，而非接触面、非配合表面，则不论间隙多小，均应留间隙（为两条线）。

（2）相邻两个被剖切的金属零件，它们的剖面线倾斜方向应相反，若几个相邻零件被剖切，其剖面线可用间隔、倾斜方向错开等方法加以区别，但在同一张图纸上，表示同一零件的剖面线其方向、间隔应相同。剖面厚度小于2mm时，允许以涂黑来代替剖面线。

（3）在装配图上，当剖切平面通过标准件（螺钉、螺栓、螺母、垫圈、销、键等）和实心件（轴、杆、柄、球等）的基本轴线时，这些零件按不剖绘制。

（4）对于薄、细、小间隙，以及斜度、锥度很小的零件或某部位，可以适当地加厚、加粗、加大画出，以使这些部位的轮廓特征明晰。

（5）简化措施。对于同一规格、均匀分布的螺栓、螺母等连接件或相同的零件组，允许只画一个或一组，其余用中心线或轴线表示其位置。

（6）零件上的工艺结构，如倒角、倒圆、沟槽、凸台等可省略不画。

11.3 由零件草图绘制装配图草图

11.3.1 确定表达方案

确定机器或部件的表达方案，就是正确运用装配图的各种表达方法，将机器或部件的工作原理、各零件间的装配关系及主要零件的基本结构，以及所属零件的相对位置、连接方式、运动情况等完整、清晰地表达出来。

11.3.2 装配图草图的视图选择

1. 主视图的选择

绘制主视图时，一般将机器或部件按工作位置放置，并从最能反映机器或部件的工作原理、装配关系和结构特点的方向进行投影，沿其主要装配干线进行剖切。

2. 其他视图的选择

在主视图确定后，对尚未表达清楚的内容，要选择其他视图予以补充。选择其他视图时应考虑以下问题：

（1）优先选用基本视图并采用适当剖视。

（2）每个视图都要有表达的重点，应避免对同一内容重复表达。

（3）视图的数量要依据机器或部件的复杂程度而定，在表达清楚、完整的基础上力求简单。

11.4 绘制装配图草图的步骤

下面以低速滑轮装置为例说明画装配图草图的步骤。

低速滑轮装置的轴测图草图如图11.2所示，由6个零件组成。序号5是垫圈10 GB/T97.1；序号6是螺母M10 GB/T6170；其余4个零件是非标准件，零件草图如图11.3所示。

（1）定方案，选比例，定图幅，画出图框，标题栏及明细栏，如图11.4（a）所示。

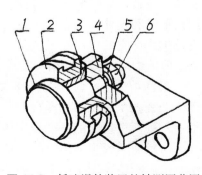

图 11.2 低速滑轮装置的轴测图草图

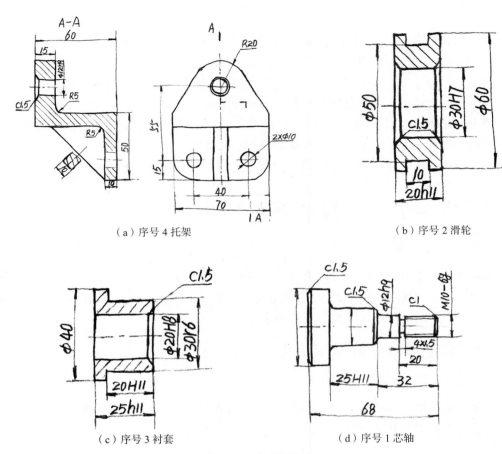

（a）序号4 托架

（b）序号2 滑轮

（c）序号3 衬套

（d）序号1 芯轴

图 11.3 零件草图

（2）布置视图：画出各视图的基准线，留有空隙。各视图的摆放尽量符合投影关系，并留出标注尺寸、编写零件序号和注写技术要求的足够位置，如图11.4（a）所示。

（3）画图顺序：目前画图顺序有几种不同方案，下列两种可供参考。

其一，从主视图画起，几个视图相互配合一起画；

其二，先画某一视图，然后再画其他视图。

在画每一个视图时，还要考虑是从外向内画还是从内向外画，从外向内画就是从机体出发逐次向里画出各零件，优点是便于从整体的合理布局出发，决定主要零件的结构形状和尺寸，其余部分也易确定。从内向外画就是从里面的装配干线出发，逐次向外扩展，它的优点是主次分明，并可避免多画被挡住零件的不可见轮廓线，图形清晰。两方面应根据不同结构灵活选用或结合运用。

图11.4（a）~（h）为低速滑轮装置装配图草图的画图步骤。低速滑轮装置装配图用两个视图（主视图和左视图）表达，主视图采用全剖视图。画出图框，标题栏及明细栏；画两个视图的基准线布图，如图11.4（a）所示。先画托架的两视图，如图11.4（b）所示。再画主视图中的芯轴，同时去掉托架上被挡住的轮廓线，如图11.4（c）所示。然后画主视图中衬套，如图11.4（d）所示。再画主视图中的滑轮，如图11.4（e）所示。再画主视图中的垫圈、螺母，如图11.4（f）所示。画装配图的左视图，同时去

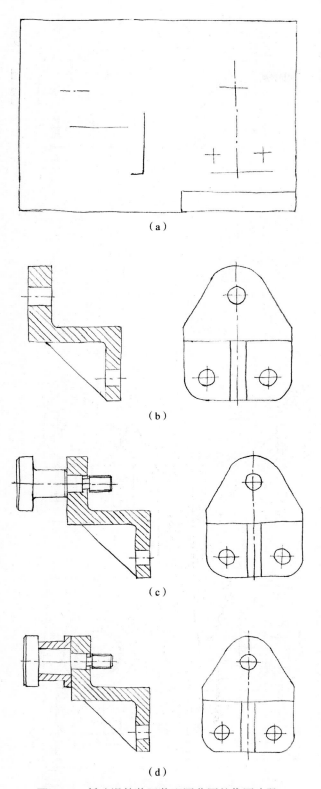

（a）

（b）

（c）

（d）

图 11.4 低速滑轮装置装配图草图的作图步骤

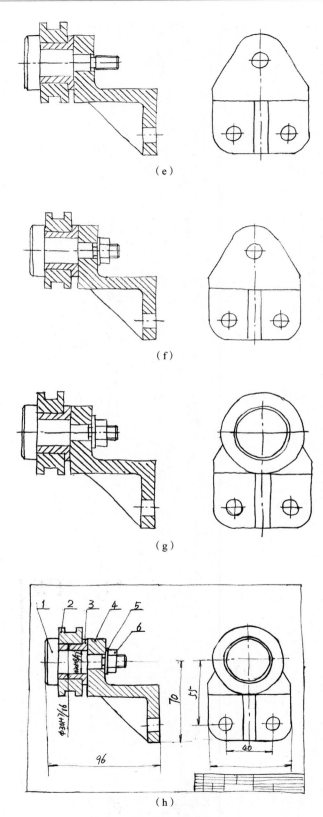

图 11.4（续）

掉托架被挡住的轮廓线，如图11.4（g）所示。

（4）标注尺寸，如图11.4（h）所示。

（5）编写零部件序号，填写明细栏、标题栏和技术要求。明细栏、标题栏的内容如图11.5所示。

（6）检查、描深、完成全图。

6	螺母 M10	1		GB/T6170
5	垫圈 10	1		GB/T97.1
4	托架	1	HT200	
3	衬套	1	ZCuSnPb5Zn5	
2	滑轮	1	LY13	
1	芯轴	1	45	
序号	名称	件数	材料	备注
制图	(日期)			图号
描图	(日期)	滑轮装置	比例	
审核	(日期)		重量	
(校名、班号)			共张	第张

图 11.5　低速滑轮装置装配图草图明细栏、标题栏

画图时应注意以下几点：

（1）各视图间要符合投影关系，各零件、各结构要素也要符合投影关系。

（2）先画起定位作用的机准件，再画其他零件。这样画图准确，误差小，保证各零件之间的相互位置。

（3）先画出零部件的主要结构形状，再画次要结构形状。

（4）画图时，随时检查零件间正确的装配关系。检查哪些面应该接触，哪些面之间应该留有空隙，哪些面为配合面等，必须正确判断并相应画出。

附　录

第 2 章

图 2.2	图 2.3	图 2.4	图 2.6-1	图 2.6-2
图 2.7-1	图 2.7-2	图 2.7-3	图 2.7-4	图 2.8
图 2.9	图 2.10	图 2.11	图 2.12	图 2.13
图 2.14	图 2.15	图 2.16	图 2.18-1	图 2.18-2

图 2.18-3	图 2.20-1	图 2.20-2	图 2.22-1	图 2.22-2
图 2.22-3	图 2.24	图 2.25	图 2.26	图 2.27
图 2.28				

第 3 章

| 图 3.7 | 图 3.8 | 图 3.12 | 图 3.13 | 图 3.14 |
| 图 3.15 | 图 3.19 | 图 3.20 | 图 3.22 | 图 3.23 |

图 3.25	图 3.26	图 3.28	图 3.29	图 3.31
图 3.32	图 3.34-1	图 3.34-2	图 3.35-1	图 3.35-2
图 3.37-1	图 3.37-2	图 3.38	图 3.40	图 3.41
图 3.43	图 3.44			

第 4 章

| 图 4.1 | 图 4.3 | 图 4.4 | 图 4.7-1 | 图 4.7-2 |

图 4.13	图 4.15	图 4.17	图 4.19	图 4.20
图 4.22	图 4.25	图 4.28	图 4.30-1	图 4.30-2
图 4.30-3				

第 5 章

图 5.3	图 5.4	图 5.5	图 5.6	图 5.8
图 5.13	图 5.18			

第 6 章

图 6.10	图 6.11	图 6.12	图 6.20	图 6.26-1
图 6.26-2	图 6.26-3	图 6.26-4	图 6.32	

第 7 章

图 7.4-1	图 7.4-2	图 7.11	图 7.12	图 7.14
图 7.15	图 7.16	图 7.18	图 7.23-1	图 7.23-2
图 7.27				

第 8 章

第 9 章

第 10 章

| 图 10.41-2 | 图 10.41-3 | 图 10.41-4 | 图 10.41-5 | |

沿虚线剪下

沿虚线剪下

本卡片使用说明：

（1）沿虚线剪下外围正方形；

（2）沿虚线剪下中间的矩形；

（3）把大正方形中间的孔对准要看的视频的二维码；

（4）扫二维码，观看视频讲解。